KB143307

TIGERS FOREVER
호 랑 이 여   영 원 하 라

14개월 된 새끼 호랑이 2마리가 연못 안에서 더위를 식히고 있다. 인도 반다브가르 국립공원.

멸종위기에 처한 호랑이 구하기

TIGERS FOREVER
호랑이여 영원하라

스티브 윈터 · 샤론 가이너프
STEVE WINTER · SHARON GUYNUP
지음

서애경
옮김

글항아리

어린 새끼 호랑이가 어두워질 무렵 제 어미를 따라 힘껏 달린다. 인도 반다브가르 국립공원.

차례

호랑이가 인도 반다브가르 국립공원 밖 마을 근처 풀숲에 몸을 웅크리고 있다.

서문 | 마이클 클라인

호랑이를 말하다

호랑이 이야기를 한번 해볼까요. 4년 전까지만 해도 호랑이 보호 사업은 가망이 없어 보였습니다. 아시아 전역에 서식 중인 호랑이 개체 수는 제자리걸음이거나 오히려 줄어들고 있었으니까요. 그리고 현재 러시아에서 인도네시아에 이르기까지 야생 호랑이는 겨우 3200마리 정도 남은 것으로 추정됩니다. 미국에서만 우리 안에 갇힌 호랑이가 1만2000마리나 됩니다. 그래서 정말 열심히 노력하는 사람이 많습니다. 언론에 수없이 보도하고, 기금을 모으고, 그에 관한 회의를 열고, 뜻을 함께하는 사람들이 모였습니다. 그래도 아직은 부족합니다. 전 세계에서 가장 뛰어난 대형 고양잇과 동물 전문가 중 한 사람인 앨런 라비노비츠가 추진한 호랑이 보호 사업에서는 좋은 결과를 얻기도 했습니다. 본보기가 될 만한 호랑이 보호구역을 타이에 만들었다는 사실은 아주 중요합니다. 그러나 보호 사업을 성공적으로 추진한 몇 군데 보호구역조차도 좀더 면적을 넓혀야 할 만큼 협소합니다. 나는 10년 동안 앨런 박사에게 도움을 받았습니다. 5년 전, 우리 두 사람은 2007년에 추진했던 보호 사업이 전혀 효과를 거두지 못하고 있다는 데 동의했습니다. 박사는 제게 좋은 해결 방안이 없는지 물었고, 이를 계기로 '호랑이여 영원하라Tigers Forever' 사업이 탄생하게 된 것입니다. 전 세계에서 가장 뛰어나고 광범위한 호랑이 보호 사업이자, 여러 기업 대표와 호랑이 보호를 위해 애쓰는 환경보호 기구 대표가 처음으로 손을 잡고 첫 단계부터 적극적으로 시행할 사업입니다. 기업과 보호 단체 간의 끈끈한 협력관계야말로 호랑이가 처한 심각한 위기를 풀어갈 해결 방안이 되었습니다.

호랑이 보호 사업이 반드시 갖추어야 할 조건은 다음과 같습니다.

- 해당 지역 거주민 모두에게 경제적 보상이 이루어지도록 할 것.
- 뛰어난 능력과 방법, 기술을 총동원할 것.
- 집중적으로 평가하고 문제를 바로잡기 위해 강제력이 수반될 것, 그리고 개선의 노력을 이어갈 것.

아시아 전역에서 호랑이 보호를 위해 펼치고 있는 다양한 노력은 2007년 당시만 해도 조직화되어 있지 않았습니다. 비영리단체끼리 서로 견제했으며, 호랑이 서식지에 투입한 사업 자금도 저마다 큰 차이를 보였습니다. 다시 말해, 호랑이 개체 수를 엉터리로 측정하거나 정확한 조사 방법도 확립하지 못했다는 것이지요. 사실 호랑이 개체 수를 정확하게 알지 못하면 아무것도 할 수 없습니다.

혁신 전문가인 저는 그동안 최첨단 기술을 사용한 회사와 10군데나 작업했습니다. 예를 들면 영화사 판당고의 새로운 영화표 발권 시스템이나 게임 제작 회사 어콜레이드의 직원 건강관리 시스템, 어라이즈의 재택근무 시스템 등입니다. 이런 일을 하는 데 없어서는 안 될 것이 새롭고도 신중한 문제 해결책, 특별한 재능이 있는 사람, 강력한 추진력 그리고 충분한 자금입니다. 이런 모험을 하며 현실적으로 불가능한 일은 단번에 알아차리게 되었고, 스스로를 다독이며 창의적으로 할 수 있는 일을 찾아내게 되었습니다. 궁하면 통한다는 말이 정말 딱 들어맞더군요. 여러분이 이 문제를 해결하기 위해 부단히 노력하리라는 사실을 믿습니다. 단번에 모든 문제를 해결하는 특효약이란 없습니다.

그렇다면 '호랑이여 영원하라' 사업은 어떤 일일까요? 호랑이의 미래를 위해 중요한 특정 보호 구역에서 충분히 보호 및 관찰할 수 있도록 하는 데 중점을 맞춘 사업입니다. 여기에는 일을 추진할 적임자를 찾고, 방법과 기술을 찾아내어 적재적소에 투입하는 일이 포함됩니다. 핵심 서식지 사업 현황을 자세히 파악해서 적어도 1년에 한 번은 다른 곳과 정보를 나누고, 직접 방문하여 기술 지원과 도움을 주고받아야 합니다. 그리고 호랑이와 먹잇감에게 닥친 위험을 정확하게 파악하고 어떤 정책이 효과가 있는지 판단하는 일도 해야 합니다. 간단히 말하면, 전 세계에서 다섯 손가락 안에 드는 기업이 모였으니 미 해군 특수 부대가 호랑이를 구하기 위해 모였다고 비유할 수 있습니다. 모여서 어떤 일을 할까요? 그들은 '호랑이여 영원하라' 사업의 가장 간절한 목표를 이룰 것입니다.

이 책에 실린 사진은 '호랑이여 영원하라' 사업에 협력해주신 분들이 없었다면 불가능했습니다. 사실 호랑이 보호 사업이 성공하려면 갈 길이 아주 멉니다. 호랑이 보호 사업은 몹시 힘든 일입니다. 죽은 호랑이를 중국 길거리에서 10만 달러에 사는 사람은 많지만, 안타깝게도 야생에 살고 있는 호랑이에게 돈을 낼 사람은 별로 없습니다. 시간이 없는데도 말입니다. 게다가 호랑이는 스스로 문제 해결에 전혀 보탬이 안 되지요. 여러분이 도움의 손길을 주실 곳이 바로 이곳입니다. 여러분과 함께라면 우리는 호랑이 보호 사업을 성공적으로 해낼 수 있습니다.

호랑이를 위해 기부하시고 더 많은 정보를 찾아보시기 바랍니다.
www.panthera.org/programs/tiger/tigers-forever

생물학자 여러 명이 새끼 호랑이의 몸집을 재고 있다.
어미는 암컷 호랑이의 행동 영역 연구를 위해 위성 신호 송신기가 달린
목걸이를 달았다. 타이 후아이카캥 야생동물 보호구역.

서문 | 앨런 라비노비츠
호랑이 구하기

호랑이는 몹시 절박한 상황에 놓여 있습니다. 세상에서 가장 상징적인 동물인 호랑이가 어쩌면 멸종 위기로 치달을 수도 있는데, 사람들은 그저 멀찍이 떨어져서 지켜보고만 있습니다. 호랑이를 구할 수 없어서가 아니라, 호랑이를 그저 동물이라고만 생각하기 때문이지요. 본문에서 다루고 있지만, 과거에 호랑이가 서식하던 모든 지역에서 호랑이에게 꼭 필요한 서식지와 먹잇감이 심각한 수준으로 줄어들었습니다. 그러나 호랑이가 맞닥트린 가장 큰 시련은 가장 기본적인 권리인 생존권마저 빼앗기고 있다는 점입니다. 200만 년 넘게 진화를 거듭하며 살아남은 매우 귀중한 호랑이가 밀렵꾼의 손에 무자비하게 도살되면서 갑작스레 줄어들고 있습니다. 호랑이의 종말을 알리는 전조일 수도 있습니다. 마하트마 간디는 이를 다음과 같은 말로 명쾌하게 표현했지요. "지구는 사람들에게 필요한 것을 충분히 줄 수 있지만, 사람들의 욕심까지 채워주진 않는다."

호랑이를 구하는 것은 쉬운 일이 아닙니다. 호랑이는 지구상에서도 가장 취약하고, 인구도 가장 많은 지역에 살고 있습니다. 호랑이와 먹잇감이 되는 야생동물을 밀렵하면 큰 돈벌이가 됩니다. 결국 인간의 수요 때문에 이런 일이 일어납니다. 수천 년 전으로 시간을 되돌려 문화를 바꾼다고 해서 이런 일이 사라지지는 않을 것입니다. 정부 차원에서 직접 나서서 호랑이를 불법으로 반출하는 일을 근절하기 위해 강력하게 법을 집행해야만 해결할 수 있겠지요. 정부 당국에서 호랑이가 처한 위기에 대해 공허한 미사여구만 반복하거나 법 집행에 미온적인 태도를 취한다면, 호랑이를 직접 공격하는 것이나 다름없습니다. 전혀 문제가 없다는 말치레 같은 정치적 발언만 듣고 별문제 없으리라고 생각하는 동안, 호랑이는 점점 더 멸종 위기로 치닫게 됩니다.

그렇지만 희망은 아직 남아 있습니다. 호랑이는 믿을 수 없을 정도로 회복력이 강한 동물입니다. 한 나라의 국가원수부터 보호구역 인근 마을 주민들까지, 호랑이가 멸종 위기에서 벗어나 살아남는 데 관심을 기울이는 사람이 늘어나고 있습니다. 호랑이를 구하기 위해 고군분투하는 헌신적인 과학자와 환경보호운동가는 호랑이가 살아남으려면 무엇이 필요하며, 생존에 위협이 되는 요소가 무엇인지 정확하게 파악하고 있습니다. 가장 중요한 것은 호랑이와 인간이 공존할 수 있다는 사실을 이해하는 일입니다. 늘 조화롭지는 않겠지만, 양쪽 모두에게 이익이 될 수 있습니다. 성취할 만한 가치가 있는 일에는 고난이 따르듯이, 호랑이를 구하는 일도 매우 어렵습니다. 그렇지만 꼭 해야만 하는 일이고, 그 방법도 알고 있습니다.

어린 시절 동물원에서 호랑이를 보았을 때 그 거대한 몸집과 기상에 매혹되었지만, 한편으로는 호랑이가 우리 속에 갇혀 있다는 사실이 슬펐습니다. 좁은 우리 안에서 이리저리 움직이는 모습이 자신이 태어난 곳으로 돌아가기만 간절히 기다리는 것처럼 보였거든요. 나는 그때 누군가가 호랑이와 다른 동물의 이야기를 전해줘야 한다고 깨달았습니다. 언젠가는 내가 그 일에 도움이 되지 않을까, 하고 생각했어요.

내가 21살이 되었을 때, 아버지가 1975년 댈러스 카우보이스와 미네소타 바이킹스 간의 미식축구 결승전에 대해 흥분하며 이야기해주었습니다. 경기 종료까지 겨우 30초를 남겨두고 댈러스 카우보이스의 쿼터백(미식축구에서 공격을 지휘하는 선수—옮긴이)이 공을 뺏기기 직전 경기장 한가운데에서 믿어지지 않을 만큼 멀리 공을 던졌고, 파이브야드 라인(미식축구에서 각 팀이 점수를 획득할 수 있는 구역에서 5야드 떨어진 곳에 표시해둔 선. 보통 1야드마다 표시한다—옮긴이)에서 공을 받은 선수가 엔드존(미식축구에서 공을 가지고 들어가면 점수를 획득할 수 있는 구역—옮긴이)으로 마구 달려가서 득점하여 승리했다는 것이었습니다. 댈러스 카우보이스 쿼터백은 그 경기 이후에 헤일 메리 패스(댈러스 카우보이스의 쿼터백인 로저 스토바크 선수가 언론 인터뷰에서 멀리 공을 패스하기 전에 성모마리아를 외쳤다는 이야기를 한 데서 유래되었다―옮긴이)라는 별명을 얻었는데, 오늘날 이 말은 성공 확률이 아주 낮은 절망적인 경기를 묘사할 때 쓰이지요. 그렇듯 불가능한 일이 벌어졌습니다. 운이 따라서만은 아닙니다. 가끔 몹시 절박한 상황이 되면 사람은 전혀 기대하지 않았던 놀라운 일을 해내기도 합니다. 특히 창의적이고 자신의 분야에서 아주 뛰어난 사람이라면 말입니다.

아버지에게 기적적인 경기 이야기를 들은 지 거의 40년이 지났습니다. 저는 그 40년을 호랑이와 또 다른 대형 고양잇과 동물을 연구하고 구하는 데 바쳤습니다. 그동안 호랑이가 사는 세상이 점점 더 비정상이 되어가는 현실을 수도 없이 목격했습니다. 호랑이 수는 끝없이 줄고 있는데도, 호랑이를 보호하는 데 똑같은 행동을 되풀이하면서 결과가 달라지기만을 바라고 있었으니까요. 아인슈타인 박사가 "문제를 만들 때와 같은 방법으로 접근해서는 문제를 풀 수 없다"라고 한 말이 자주 마음속에 우렁차게 울려 퍼집니다. 이제 우리는 예전과는 다르게, 그리고 전략적으로 행동해야 합니다. 호랑이를 구하기 위해 확실하고 명료하고 간단한 계획을 세상에 선보여야 합니다. 기껏 세운 계획이 흐지부지되거나 이를 강력하게 밀어붙이지 못한다면, 호랑이가 계속 줄어드는 모습을 지켜볼 수밖에 없습니다. 변명의 여지도 없습니다. 이는 '호랑이여 영원하라' 사업이 설립된 이유이기도 합니다. 호랑이를 곤경에서 구할 첫걸음이자, 호랑이 개체 수를 늘려갈 '호랑이여 영원하라' 사업은 이렇게 세상에 나왔습니다.

우리는 아주 절박한 상황에 놓였습니다. '호랑이여 영원하라' 사업은 우리에게 헤일 메리 패스가 되어줄 것입니다. 경기 종료는 얼마 남지 않았고, 승산은 별로 없어 보입니다. 우리는 여전히 상대방을 수비하기에만 급급하지요. 그러나 호랑이 세계의 쿼터백과 리시버(미식축구에서 패스한 공을 받아 공격하는 선수를 가리킨다―옮긴이)는 실력이 매우 뛰어난 데다 창의적이고 열정적이며 호랑이에 대해 아주 잘 알고 있습니다. 공을 잡을 기회가 바로 눈앞에 있습니다. 공이 공중에 떠올랐습니다!

점점 줄어드는 호랑이 서식지

100년 전, 아시아 대륙을 누비던 호랑이는 10만 마리가 넘었다. 그러나 서식지가 줄어들고 밀렵이 성행하면서 호랑이 수는 급격하게 줄어들었다. 현재 야생에 남아 있는 호랑이 수는 3200마리 정도로 추정된다. 호랑이의 미래를 책임질 새끼를 낳을 수 있는 암컷 호랑이 수는 그중 3분의 1이 채 되지 않는다. 호랑이는 과거 분포하던 서식지 중 93퍼센트에서 모조리 자취를 감추었다. 21세기에 들어서 첫 10년 동안 거의 반으로 줄어든 실정이다. 관련 법을 제정해 강력하게 적용함으로써 현재 호랑이가 살고 있는 주요 서식지를 보존하고, 핵심 개체와 먹잇감의 수를 보호하고, 여러 서식지 사이를 안전하게 이동할 수 있는 통로를 만드는 일은 매우 중요하다.

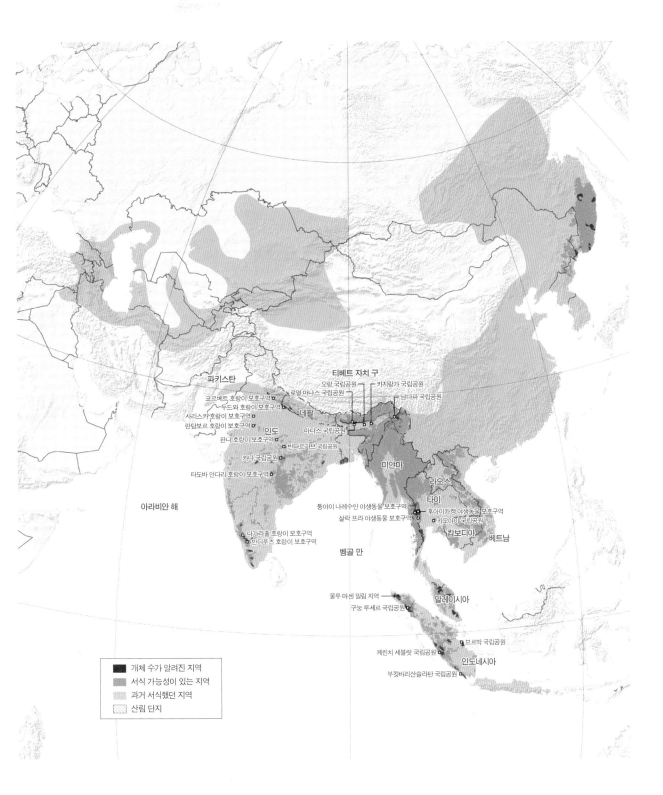

파키스탄

티베트 자치 구

오랑 국립공원 ┐ ┌ 카지랑가 국립공원
코르베트 호랑이 보호구역 □ 로열 마나스 국립공원 ┐ 남다파 국립공원
두드와 호랑이 보호구역 □
사리스카 호랑이 보호구역 □   네팔
란탐보르 호랑이 보호구역 □   마나스 국립공원
판나 호랑이 보호구역 □   인도
반다브가브 국립공원
카나 국립공원 □
미얀마
타도바 안다리 호랑이 보호구역 □
라오스
통야이 나레수안 야생동물 보호구역 □   타이
후아이카캥 야생동물 보호구역
아라비안 해   살락 프라 야생동물 보호구역   카오야이 국립공원
캄보디아   베트남
나가라홀 호랑이 보호구역 □
반디푸즈 호랑이 보호구역 □   벵골 만

울루 마센 밀림 지역 ┐   말레이시아
구눙 루세르 국립공원
브르박 국립공원
케린치 세블랏 국립공원   인도네시아
부킷바리산슬라탄 국립공원

■	개체 수가 알려진 지역
▨	서식 가능성이 있는 지역
░	과거 서식했던 지역
▨	산림 단지

어린 수컷 호랑이가 부들 사이를 걷고 있다. 인
도 카지랑가 국립공원.

거의 다 자란 호랑이 형제가 서로 싸우면서 싸움
기술을 연마한다. 인도 반다브가르 국립공원.

수컷 호랑이가 이른 아침 드넓은 초원을 거닌
다. 인도 반다브가르 국립공원.

호랑이가 침입자를 향해 달려든다. 인도 반다
브가르 국립공원.

기온이 섭씨 48도까지 올라간 날, 암컷 호랑이
가 그늘에 누워 더위를 식히고 있다. 인도 반다
브가르 국립공원.

청소년기에 접어든 새끼 호랑이가 연못에 뛰어
들었다. 인도 반다브가르 국립공원.

수컷 호랑이가 인도 순다르반스 지역 벵골 만
해협을 건너고 있다.

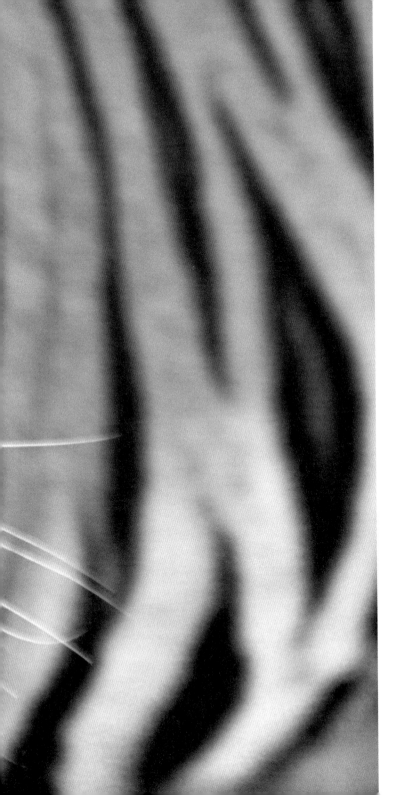

반다브가르 국립공원에서 찍힌 수컷 호랑이.

책 소개 | 조지 샬러

호랑이를 보는 시선

50년 전, 나는 인도 카나 국립공원에 있는 협곡 가장자리에 앉아 있었다. 호랑이와 먹잇감에 대해 조사하기 위해 인도에 가족과 함께 온 참이었다. 커다란 바위를 등지고 앉아서 호랑이가 인근 마을을 어슬렁거리다가 잡아먹고 남겨둔 젖소를 살펴보고 있었다. 어두워질 무렵이었다. 뒤에서 마른 나뭇잎이 바스락거렸다. 나는 천천히 몸을 돌렸고 바위 저쪽 끝에 선 암컷 호랑이의 호박색 눈동자와 눈이 마주치고 말았다. 몸에 난 줄무늬가 눈에 익었다. 전에도 만난 적이 있는 호랑이였다. 호랑이는 태연하게 몸을 돌리더니 한번 쓱 돌아보고는 숲으로 발걸음을 옮겼다.

그렇게 마주치다니, 믿기지 않았다. 호랑이와 숲에서 혼자, 그것도 조용히 대면하게 되자 호랑이는 걷잡을 수 없이 아름다운 존재로 기억에 남았다. 그런 일이 있은 후로 나는 인도와 여러 나라의 숲을 이리저리 돌아다니며 윤기 나는 커다란 발로 힘과 위엄과 활력을 마구 내뿜는 호랑이를 잠깐이라도 다시 볼 수 있기를 간절히 바랐다. 호랑이를 볼 수 있는 날은 드물었다. 당시 나는 1960년대에 최초로 과학적으로 호랑이를 연구했다. 다른 사람들은 사냥꾼에게 들은 정보만 모아 호랑이를 연구할 때였다. 당시에도 호랑이가 얼마나 남아 있었는지 아무도 알지 못했다. 그러나 호랑이의 미래는 이미 걱정스러운 상태였다.

몇 군데 보호구역 말고는 야생 호랑이를 구경하기가 점점 더 어려워지고 있다. 인간은 호랑이를 신화나 전설에 등장시키며 경외심을 품고 숭배하고 존경했다. 그렇지만 숭배하기만 한 것이 아니라 해를 입히기도 했다. 과연 호랑이는 해로운 동물일까, 아니면 우상일까? 호랑이가 살던 땅은 대부분 밭으로 변했고, 사람들은 먹고살기 위해 호랑이 먹이인 사슴과 멧돼지를 사냥했다. 그리고 가축과 사람을 공격한 데 대한 앙갚음으로 호랑이에게 총을 쏘고 독약을 먹이고 올가미를 놓아 잡아들였다. 이렇게 도살된 호랑이의 뼈와 각종 부위는 비싼 값에 팔려나가 중국 전통 의약품을 만드는 데 사용되었다.

자연적인 서식지가 줄어들면서 인간과 호랑이의 마찰은 점점 더 심해지고 있다. 나는 2012년 아시아 지역 최고의 생태학자이자 환경운동가인 울라스 카란트와 함께 인도 중부 지방에 있는 타도바 안다리 호랑이 보호구역을 방문했다. 이 지역 호랑이는 2005~2011년에만 사람을 71명이나 죽이고 61명을 다치게 했다. 우리에게는 앞으로도 호랑이를 살아 있는 기념물로 보존할 도덕적인 의무가 있다. 그러려면 호랑이의 영역에 살고 있는 주민의 생활과 생계를 보장해주면서 호랑이와 인간 사이의 마찰을 줄여야 한다. 호랑이를 보호하려면 궁극적으로 호랑이에 대한 지식과 관심, 인근 지역 공동체의 참여가 반드시 필요하다.

그렇다면 거의 다뤄지지 않았던 기본적인 문제이기도 한 호랑이와 인간 간의 '문제'는 어떻게 해결해야 할까? 몸집도 크고 잠재적으로 위험스러운 육식동물인 호랑이와 함께 공존하려면 지역 공동체에 경제적인 보상이 주어져야 한다. 호랑이 보호구역이 지정되면 인근 마을 주민은 숲의 산물을 채취하는 것이 금지되고, 또 다른 경제적인 손실도 뒤따른다. 호랑이 서식지에서 멀리 떨어져 사는 사람은 관광 산업이나 식수나 농업용수를 위한 관개 사업 등을 별 희생 없이 얻을 수 있는 반면, 서식지 인근 주민은 대가를 치러야 한다. 이는 반드시 해결되어야 할 문제이기도 하다. 호랑이를 보호하려면 호랑이가 새끼를 키울 만큼 먹잇감이 충분한, 안전하고 평화로운 숲을 마련해주어야 한다. 그리고 그렇게 마련된 호랑이 영역에는 완충 지역도 있어야 한다. 완충 지역은 사람이 별로 살지 않고 개발이 이루어지지 않은, 인간 중심의 땅이 아니라 또 다른 안전한 천국 같은 서식지와 연결되어 있어야 한다. 인도는 호랑이 서식 지구를 이미 조성했고, 외딴 숲에 사는 주민들이 자발적으로 이주할 수 있도록 배려하고 있다.

우리가 카나 국립공원에서 살면서 호랑이의 신비한 삶을 풀어내려 했을 때 가졌던 생각과 현실은 거리가 멀었다. 눈에 확 띄는 상처 때문에 '찢어진 귀'라고 이름 붙인 암컷 호랑이를 발견했을 때, 커다란 새끼 호랑이 4마리와 함께 몸집이 거대한 인도물소를 막 사냥한 참이었다. 인도물소는 무게가 680킬로그램이 넘는 데다 어깨 높이가 1.8미터 정도였는데, '찢어진 귀'가 거대한 몸집을 지닌 인도물소를 한순간에 제압하는 힘과 판단력에 감탄하지 않을 수 없었다. 나는 근처에 있는 낮은 나뭇가지 위에 올라앉아 호랑이 가족을 관찰했다. 한 시간이 지나자 실컷 먹이를 먹은 호랑이 가족은 모두 잠이 들었다. 저녁 7시였고, 주위는 어두웠다. 내 위로 독수리 몇 마리가 내려앉아서 깃털을 곤두세우고 차례를 기다렸는데, 나보다 훨씬 더 편안해 보였다. 호랑이 가족이 고기를 모조리 먹어치웠고, 밤이 되자 하늘에 뜬 달이 희미하게 은빛으로 빛났다. 다음 날 아침 8시쯤, 숲의 왕인 커다란 수컷 호랑이가 모습을 나타냈다. 몇 분 동안, 호랑이 6마리는 서로 평화롭게 어우러져 뺨을 부비며 반가워했다. 그러고는 수컷 호랑이는 숲으로 사라졌는데, 가끔 와서 인사만 하고 가는 모양이었다. 호랑이는 보통 사회성이 낮고 독립적이라고 알려져 있는데, 그날 나무에서 밤을 꼬박 새운 덕에 아주 값진 지식을 얻은 셈이었다.

호랑이는 한때 24개국에 걸쳐 살았는데, 현재는 13개국에 살아남았다. 그러나 남은 호랑이조차 점점 더 줄어들고 있으며, 캄보디아에서는 거의 멸종되었다. 나는 미얀마, 라오스, 베트남에서 호랑이가 산다는 숲을 몇 달 동안 걸어 다니며 조사한 적이 있는데, 호랑이의 흔적을 거의 발견

인도 정부에서 1971년에 사냥을 법으로 금지하기 전까지
수천 마리가 넘는 호랑이가 인도와 영국 귀족의 사냥놀이에 희생되었다.

하지 못했다. 과거 서식지의 93퍼센트에서 호랑이는 이미 자취를 감추었고, 야생 호랑이는 겨우 3200마리 정도밖에 남아 있지 않은 것으로 추정한다.(중국 본토와 미국만 따져서 우리에 갇혀 살고 있는 호랑이의 수가 야생 호랑이 수의 5배가 넘는다. 숲길을 걸을 희망은 전혀 없이 죽은 목숨과 다름없이 살고 있다.) 야생 호랑이의 반은 인도 지역에 서식 중인데, 인도는 인구수가 12억에 달하며 하루에 6만 명이 태어난다. 1995년 이후로 인도에서는 농지와 생산성이 높은 외래종 수목 대형 농장 조성, 주요 도로 건설과 석탄 광산 사업으로 자연림 25퍼센트가 사라졌다. 힌두교 여신 두르가Durga는 세상의 악을 없애기 위해 호랑이를 타고 나타난다. 환경 파괴는 엄청나고 빠르게 확산되는 악과 같으니, 두르가는 분명 100년 뒤에 일어날 일을 내다본 것이 분명하다.

사람들이 도시로 점점 모여들면서 자연과 더욱 멀어졌다. 야생동물은 현실과 별개의 것이 되고, 호랑이의 명성은 점점 희미해진다. 그렇지만 『호랑이여 영원하라』라는 이 책은 세상에서 가장 멋진 자연의 선물인 호랑이에게 일어난 일을 알려줄 것이다. 유익하고 재밌는 글과 타의 추종을 불허하는 아름다운 사진이 잔뜩 실려 있다. 나도 처음 보는 장소를 찍은 사진도 있다. 이 책은 호랑이와 인간이 다른 동물과 함께 지구를 나누어 써야 하는 생태계의 한 부분이라는 사실을 다시 한번 일깨워준다.

호랑이가 이 세상에 살아남아야 하는 데 꼭 정당한 이유가 있어야 할까? 우리에게 선견지명과 호랑이를 품어줄 인정이 모자라 자연의 선물인 호랑이를 이 땅에서 멸종시켰다는 사실을 알게 된다면, 다음 세대는 우리를 절대로 용서하지 않을 것이다. 인간의 욕심과 무지 때문에 무척 많은 호랑이가 죽었다. 그러나 우리는 호랑이를 구할 수 있는 방법을 알고 있다. 스티브 윈터의 아름다운 호랑이 사진을 보면 호랑이가 이 땅에서 계속 살아갈 수 있도록 열정과 목적을 가지고 계속 싸워나가리라는 마음을 굳게 다지게 될 것이다.

숭배의 대상인 호랑이

살아 있는 포유동물 가운데 호랑이만큼 문화나 지역, 전통문화에 깊이 녹아 있는 동물도 드물다. 유구한 역사를 이어오며, 인간은 모든 동물을 제치고 호랑이를 가장 위엄 있는 동물로 인정하고 숭배했다. 티베트인은 호랑이가 불멸을 안겨다줄 열쇠를 쥔 존재로 믿었다. 옆에 실린 그림 속의 힌두교 여신 바라히Varahi는 용맹한 호랑이 위에 걸터앉아 괴수를 물리쳤다. 샤먼은 이 세상에서 저세상으로 옮겨 다닐 때 호랑이로 변신한다고 여겨졌다. 그러나 전통문화가 퇴색하면서 이런 믿음도 빛이 바래고 있다.

두려움의 대상인 호랑이

호랑이가 오랫동안 두려움의 대상이었다는 데는 의심의 여지가 없다. 거대한 몸집에 민첩하고
강한 힘을 지닌 호랑이는 어느 곳에서든 생태계에서 가장 우위를 차지하는 포식자다.
단단한 이빨과 큰 발을 지녔고, 우렁차게 포효하는 소리는 몇 킬로미터 떨어진 곳까지 울려 퍼질 정도다.
아시아 전역에서 인구가 폭발적으로 증가하면서 호랑이 서식지는 점점 사라져갔고,
인간과 가축 그리고 호랑이 사이에는 마찰이 늘어가고 있다. 호랑이는 인근 마을로 들어가
풀밭 사이를 누빈다. 가끔 가축을 잡아먹고 때로는 인간을 죽이거나 다치게 한다.
그리고 결국에는 표적이 되어 죽음을 맞는다.

호랑이의 호기심

리모컨으로 조종하는 '원격 조종 카메라 차'가
언짢으면서도 궁금한 새끼 호랑이의 모습.
내셔널지오그래픽 사의 사진 기술부 덕분에 호랑이에게
아주 가까이 다가가서 사진을 찍을 수 있었다.
사진 속 생후 16개월 된 수컷 새끼 호랑이는
처음에는 차를 슬금슬금 뒤따라다니더니,
나중에는 툭툭 치면서 가지고 놀았다.

죽음의 계곡에서

사냥꾼과 광산을 찾아 여기저기 떠도는 광부들이
타롱강을 건너고 있다. 골드러시로 15만 명 정도가
미얀마 후콩 계곡으로 몰려들었다.

우리는 주민 거주지를 벗어나 이동했다.

타왕 강을 건너자 숲 속 오솔길에 군데군데 동물이 남긴 흔적이 눈에 띄었다. 키가 큰 풀과 빽빽하게 들어선 대나무와 몹시 날카로운 등나무가 어찌나 무성한지, 숲 속은 햇빛 한 점 들어오지 않아 어둑했다.

지나간 지 얼마 안 된 듯한 호랑이 발자국이 길 위에 선명히 남아 있었다. 내가 이곳까지 온 이유는 바로 고양잇과 동물의 왕인 호랑이 때문이었다. 나는 진짜 호랑이를 보게 된다는 생각에 그만 온몸이 얼어붙었다. 미얀마 정부에서 특별히 붙여준 안내원 우 산 랭은 밀림 지대에 발을 들여놓은 것도 처음이었고, 야생동물에 대한 지식도 전혀 없었다. 짐을 실은 코끼리 4마리가 저만치 앞서 가고 있었다. 아무래도 동행한 군인 둘보다 코끼리를 따라가는 편이 훨씬 안전할 것 같은 생각이 들었다. 그래서 앞선 코끼리를 따라잡으려고 걸음을 빨리했다. 우리는 미얀마 서북부에 위치한 후콩 계곡의 중심부인 국경 도시 타나이에서 몇 시간 정도 떨어진 곳에 있었다. 수년 동안 열대 지방을 돌아다니며 사진을 찍었지만, 야생 코끼리와 호랑이가 버젓이 돌아다니는 아시아 지역 밀림 지대는 처음이었다. 때는 2002년 11월이었고, 나는 당시 최근에 조성된 후콩 계곡 야생동물 보호구역을 촬영해서 『내셔널지오그래픽』지에 실을 예정이었다. 이곳은 구름무늬 표범, 삼바(뿔이 세 갈래인 동남아시아산 큰 사슴 — 옮긴이), 문자크(짖는 사슴이라고도 부르는 동남아시아산 작은 사슴 — 옮긴이), 아시아코끼리, 히말라야 곰 등 다른 곳에서는 점차 개체 수가 줄어들거나 이미 멸종 위기에 처한 동물을 보호하기 위한 안식처였다. 그러나 후콩 계곡 야생동물 보호구역은 한 동물을 특별히 보호하기 위해서 조성된 곳이었다. 바로 미얀마에만 남은 인도차이나호랑이Panthera tigris corbetti가 그 주인공이다.

보호구역 관리 직원은 소위 '죽음의 계곡'에서 사진을 찍는 일이 쉽지 않을 것이라며, 조심하라고 말해주었다. 사냥꾼들은 수백 년간 후콩 계곡에서 사냥을 해왔지만, 그곳은 여전히 외지고 바위투성이에다 가파른 협곡이 물길을 가로막으며 높은 산봉우리가 겹겹이 에워싼 험한 곳이었다. 지금까지 사람의 발길이 닿지 않은 곳도 많았다.

죽음의 계곡이라는 불길한 별명은 제2차 세계대전을 겪으면서 붙었다. 일본군과 1100명의 미국 군인을 피해 도망치던 영국 난민 수천 명이 그곳에서 죽었고, 중국에 군수물자를 수송하기 위해 800여 킬로미터 길이의 레도 도로 건설에 동원되었다가 사망한 수많은 지역 주민이 잠들어 있었다. 말라리아와 장티푸스로 죽거나 야생동물이나 저격수에게 공격을 받아 쓰러진 희생자 뼈가 여기저기 아무렇게나 널려 있었다. 나는 1945년 이후로 레도 도로를 이용한 최초의 서양인이었다.

우리는 호랑이 발자국이 사라질 때까지 한 시간 동안 그 흔적을 따라 이동한 다음, 강을 따라 이틀을 더 이동한 후에야 목적지인 '호랑이 팀' 캠프에 도착했다. 호랑이 팀을 이끌고 있는 토니 리남 박사가 야생동물 보호구역의 새 관리인인 민트 마웅과 함께 반갑게 맞아주었다. 뉴욕에 본부를 둔 야생동물보호협회WCS와 미얀마 산림청에서 나온 이들 35명으로 구성된 팀이 후콩 계곡 내 보호구역에 남은 야생동물 종류와 호랑이 개체 수를 조사하고 있었다.

그들은 숲길을 따라 움직이거나 작은 웅덩이에서 물을 마시는 동물을 포착하기 위해 보호구역 곳곳에 카메라 70개를 교묘하게 숨겨두었다. 카메라 앞으로 무엇이 지나가면 열 감지 장치가 셔터를 작동해 순식간에 사진을 찍어서 동물 종류와 수를 파악했다. 이렇게 찍힌 사진을 보고 호랑이를 구분했다. 호랑이마다 제각기 다른 줄무늬는 인간의 지문만큼 고유하다. 팀 전체가 호랑이와 다른 희귀동물을 어떻게 발견해내고 사진을 찍을지 작전을 세우는 데 큰 도움을 주었다.

나는 2000년에 미얀마를 처음 방문했다. 앨런 라비노비츠 박사(당시 야생동물보호협회에서 주관한 과학 탐사 프로그램 총책임자였고, 현재는 판테라Panthera 사의 최고경영자다)와 함께 온통 얼음에 뒤덮인 미답봉인 하카보 라지 산을 5주간 탐험하는 데 합류하기 위해서였다. 몇 년 전에도 『내셔널지오그래픽』지에 실을 재규어를 취재하느라 앨런 박사와 함께 작업한 적이 있었다.

미얀마 산림청에서 보호가 필요한 야생 지역을 앨런 박사에게 알려주었는데, 하카보 라지 산도 그중 하나였다. 함께 양곤으로 돌아가는 비행기 안에서 앨런 박사가 창문 밖을 가리켰다. 울창한 초록색 숲이 지평선까지 펼쳐진 후콩 계곡이 내려다보였다. 앨런 박사는 당시 미얀마 정부가 후콩 계곡 지역을 보호해야 한다는 사실을 깨닫길 바랐고, 여러 가지 자료를 모으면서 그곳에 대한 연구를 시작했다. 그 결과 2001년에 후콩 계곡이 야생동물 보호구역으로 지정되었다.

그 이후, 보호구역이 너무 좁게 지정됐다는 미얀마 장관들의 항의가 잇따르자 앨런은 다시 양곤으로 돌아왔다. 그들은 호랑이 보호 계획의 일환으로 보호구역 면적을 3배로 늘려야 한다고 주장했다. 호랑이 조사 팀이 숲 곳곳에 몰래 카메라를 설치해 찍은 사진을 연구해보니, 호랑이를 보호해야 한다는 사실이 확실해졌다. 앨런 박사에게 이곳에 대한 이야기를 들은 후, 나는 앨런이 후콩 계곡에 대해 글을 쓸 수 있는 자료가 될 만한 이야기를 수집하기 시작했다. 그러다가 호랑

타룽 강을 따라 뗏목으로 이동하면서 야자 잎을 운반 중인 남자. 꽤 멀리 떨어진
후콩 계곡 밀림 지역에서 채취한 야자 잎은 집 지붕을 이는 용도로 팔린다.
현지인은 보호구역 내에서 채취한 것을 포함해 숲에서 나는 모든 자원을 일상생활 전반에 걸쳐 사용한다.

나가 족 샤먼이 호랑이 가죽으로 만든 모자와 이빨로 만든 목걸이를 착용하고 있다.
나가 족은 이것들을 매우 강력한 힘을 지닌 부적으로 여긴다. 그들은 전통적으로
호랑이를 매우 신성시하여 종교 의식이나 부족 행사를 치를 때만 호랑이를 사냥했다.
날양. 미얀마.

이에 대한 글을 읽을 수 있었다.

　세상에서 가장 큰 고양잇과 동물인 호랑이는 아시아 밀림 지대에서는 없어서는 안 될 중요한 존재다. 호랑이는 후콩 계곡뿐만 아니라 어디에서든 최상위 포식자다. 그림자처럼 살금살금 소리 없이 움직여서 눈에 잘 띄지는 않지만, 무시무시한 이빨과 발톱을 지녔고 포효하는 소리는 몇 킬로미터 떨어진 곳까지 우렁차게 울려 퍼진다. 호랑이가 서식지 일대에서 오랫동안 두려움과 숭배의 대상이 된 것은 당연하다. 호랑이는 1000년이라는 긴 시간 동안 뿌리내린 문화, 종교, 신화, 관습에서 힘과 용기를 상징했다. 인도 아대륙 전역에서는 8000년 전 신석기시대 벽화에서부터 호랑이 그림과 호랑이에 대한 글이 발견될 정도다.

　아시아 문화권에서 호랑이는 모든 동물을 제치고 가장 신격화된 동물이다. 티베트에서는 불멸의 존재로 추앙받는다. 13세기 중국에서는 호랑이가 귀신을 위협하는 힘을 가진 존재로, 산 사람과 죽은 사람 모두를 보호한다고 믿었다. 인도차이나 반도를 비롯한 주변 지역에서는 호랑이 사냥을 꺼렸는데, 호랑이가 인간을 죽일 때 인간의 영혼이 호랑이 몸으로 들어간다고 믿었기 때문이었다. 힌두교 여신 두르가는 악령을 무찌를 때 사나운 호랑이 등에 올라타고 나타났다. 여러 나라의 전설에도 주술사가 다른 이를 해칠 때 호랑이 모습으로 변신한다는 이야기가 자주 등장한다. 나가 족을 비롯한 미얀마와 인도의 여러 토착 부족은 매우 중요한 종교 의식을 치를 때만 호랑이를 사냥했다. 유럽인이 아시아에 나타나 무분별하게 호랑이 사냥을 할 때, 그를 안내했던 사람은 마을 노인에게 혹독하게 벌을 받기도 했다. 그러나 전통문화가 퇴색하고 총기 보급이 늘어나면서 호랑이는 무분별하게 도살되었다.

호랑이에 대해 철저하게 조사하기 전까지 나는 호랑이가 다른 고양잇과 동물보다 훨씬 더 심각하게 멸종 위기에 처해 있다는 사실을 알지 못했다. 호랑이는 거의 멸종 직전이다. 먹잇감이 줄어들고 밀렵이 성행하는 데다 인간의 주거지가 넓어지면서 일어난 여러 가지 문제로 세상에서 가장 상징적인 동물은 벼랑 끝에 서 있다.

100년 전만 하더라도 아시아 지역 우림 지대와 사바나, 산에서 당당하게 어슬렁거리던 호랑이 수는 10만 마리가 넘었다. 터키 동부 지역과 시베리아, 중국 남부 지역과 인도차이나 반도에서 인도네시아 끝에 이르기까지 24개국에 걸쳐 고루 분포했다. 6개국에서 호랑이는 국가를 상징하는 동물이었지만, 그마저도 북한과 한국 두 국가에서는 폐지된 상태다.

현재 남아 있는 호랑이 수는 겨우 3200마리 정도이며, 그중 새끼를 낳을 수 있는 암컷은 3분의 1이 채 되지 않는다. 93퍼센트가 서식하던 지역에서 자취를 감추었다. 21세기에 접어들어 첫 10년이 지나는 동안 남은 개체 수의 반 이상이 사라진 셈이다. 13개국에 조금 살아남은 호랑이도 늘어나는 인구에 치여 서식지가 점점 줄어드는 상황이다.

캄보디아에서는 2010년에 완전히 멸종되었다.(그에 반해 미국 내에서만 4000마리가 넘는 호랑이가 주택 뒷마당에서 불법으로 사육되고 있다. 야생동물이 우리에 갇혀 야생성을 잃은 채 비참한 생활을 하고 있는 상황이다.)

오늘날 서식지에서 빠르게 사라지고 있지만, 호랑이는 수백만 년 전부터 존재한 동물이다. 현존하는 호랑이는 모두 동남아시아가 고향이다. 호랑이, 사자, 표범, 재규어와 눈표범 등을 포함한 포효하는 대형 고양잇과 동물과 고양이는 1080만 년 전에 공통된 조상에서 갈라졌다.

가장 오래된 호랑이 화석은 200만 년 전에 생성된 것이다. 호랑이 조상은 아시아 지역에서 다양한 환경과 먹잇감, 기후에 서서히 적응하면서 마침내 9가지 종으로 진화했다. 그중 3가지 종은 지난 80년 동안 멸종해버렸다. 발리호랑이는 1940년대에 멸종했고, 자바호랑이와 카스피호랑이도 모두 1970년대에 사라져버렸다. 현재 남아 있는 호랑이는 벵골호랑이, 인도차이나호랑이, 말레이호랑이, 수마트라호랑이, 아무르호랑이(시베리아호랑이), 남중국호랑이 등 6종에 불과하다. 그나마도 모두 포획 상태이며, 야생에서는 자취를 감춰버렸다. 호랑이는 모조리 멸종 직전에 놓였다. 1996년에 수마트라호랑이는 멸종 직전에 처하면서 멸종 위기생물로 분류되었고, 미얀마와 인근 지역에 서식하던 인도차이나호랑이도 같은 위기를 맞았다.

호랑이는 늘 어려운 환경에 맞서 싸운 동물이기도 하다. 유전자 연구를 통해 호랑이가 7만 3000년 전에 인도네시아 수마트라 섬 토바 호수에서 발생한 대규모 화산 폭발로 거의 사라졌으며, 당시에 아시아 지역 포유류도 대부분 함께 사라졌다는 사실을 밝혀내기도 했다. 그 후 호랑이는 아시아 지역에서 조금씩 개체 수를 늘려온 것이다.

오늘날 새끼를 낳을 수 있는 호랑이는 위치를 파악할 수 있는 장소, 즉 '근원지' 42곳에서 서식하고 있다. 호랑이는 멸종 위기에 처했지만 회복이 빠른 동물이다. 생존할 수 있는 서식지만 충분하고 호랑이와 먹잇감을 철저하게 보호한다면 희망은 아직 남아 있다. 그러나 정확한 목표를 전략적으로 세우고 열정적으로 노력을 쏟아부어야만 벼랑 끝에 몰린 호랑이를 구할 수 있을 것이다.

나는 후콩 계곡이 호랑이 보호구역으로 지정될 때만 해도 호랑이의 강렬한 아름다움과 움직임 하나하나, 호랑이가 서식하는 주변 환경과 먹잇감을 사진으로 기록하는 작업을 10년 동안이나 하게 되리라고는 꿈에도 생각하지 못했다. 호랑이와 직접 맞닥트리게 된 것은 2007년 9월이었는데, 『내셔널지오그래픽』의 기사를 쓰기 위해 인도의 카지랑가 국립공원(인도 아삼 지방에 있는 국립공원—옮긴이)에서 다섯 달 동안 작업하던 때였다. 그곳은 브라마푸트라 강 유역의 범람원에 형성된 생물이 매우 풍부하고 작은 규모의 야생동물 보호구역으로, 세상 그 어느 곳보다 호랑이가 많이 사는 곳이다. 그때까지만 해도 나는 이글이글 타오르는 눈빛, 강렬한 힘과 위엄, 밀림의 당당한 지배자로 군림하는 호랑이의 마력에 사로잡혀 있었다. 2009년에 인도네시아 지역에 서식하는 수마트라호랑이, 타이 인도차이나호랑이, 인도 벵골호랑이에 중점을 맞추고 이들 3개국에 서식하는 호랑이 이야기를 잡지에 기고하기 위해 아시아로 돌아왔다. 내가 글을 쓴 목적은 상징적인 고양잇과 동물을 보호해야 한다는 생각을 사람들에게 다시금 일깨워주기 위해서였다.

그렇지만 차마 사진에 담기 어려운 장면도 많았다. 야생동물 사진을 주로 찍는 사진작가로서 내가 할 일은 이야기를 들려주는 것이다. 그리고 현재 호랑이가 처해 있는 상황은 때때로 충격적이고 다소 불쾌하기까지 하다. 호랑이의 생존 자체가 문제가 되는 상황에서 멋진 모습만 책에 실을 수는 없다고 생각했다. 전쟁터에서 사진을 찍을 때 전쟁터에서 생활하는 귀여운 어린이 모습만 찍을 수는 없지 않은가.

게다가 내가 사진을 찍는 곳마다 호랑이는 점점 줄어드는 서식지와 밀렵, 먹잇감의 부족 등 몹시 힘든 문제에 직면해 있었다. 섬이라는 제한된 장소에 서식하는 수마트라호랑이는 더욱 심각한 위기에 처해 있었다. 타이의 후아이카캥 야생동물 보호구역은 인도를 제외하면 호랑이 복원 사업을 가장 성공적으로 실행한 곳인데, 개체 수가 늘고 있는 어린 호랑이를 위해 주변에 거대한 숲을 조성하고 있었다. 그러나 전 세계 호랑이의 반 정도가 인도 아대륙 아래에 위치한 히말라야 산맥 산기슭에 살고 있을 정도로 본거지인데도 인도에서는 밀렵이 성행하고 있으며, 12억에 달하는 인구가 땅과 자원 때문에 호랑이 서식지를 불법으로 침범하는 등 호랑이의 생존을 위협하고 있다. 이 같은 상황을 고려해볼 때, 현재 이 지역에서 호랑이를 보호하는 일이 쉽지 않다는 것을 알 수 있다.

나는 호랑이 팀과 함께 캠프 생활을 하던 4개월 내내 호랑이의 흔적조차 발견하지 못했고, 사진이라고는 1장도 찍지 못했다.

현장 이야기 | 앨런 라비노비츠

전 세계적인 고양잇과 동물 전문가이자
환경보호활동가

1999년 3월, 국방부는 앨런 라비노비츠가 몹시 외진 미얀마 북부 후콩 계곡을 여행할 수 있도록 허가했다. 앨런 박사는 5년 전부터 미얀마 지역에 서식하는 야생동물을 파악하고 미얀마 정부에서 야생동물을 보호해야 한다는 사실을 인식할 수 있도록 온갖 노력을 기울였다. 그는 탐사를 위해 걷거나 배 또는 코끼리를 타고 제2차 세계대전 이후 통행이 금지된 레도 도로 근처까지 약 240킬로미터를 이동했다. 이동 도중에는 미얀마 군 정부의 명령에 따라 기관총으로 무장한 군인이 신변을 호위하기도 했다.

앨런 박사는 그곳에서 수많은 야생동물을 발견했다. 무엇보다 중요한 사실은 다른 지역에서는 거의 자취를 감춘 호랑이가 밀림 지역에서 여전히 어슬렁대는 흔적을 발견한 것이었다. 미얀마에서도 호랑이는 멸종 직전이었다. 앨런 박사는 미얀마 정부에 6400제곱킬로미터에 걸쳐 야생동물 보호구역을 설치하자고 제안했다. 미얀마 정부는 정확히 2년 후에 앨런 박사의 제안을 받아들였다.

얼마 지나지 않아, 앨런 박사는 산림청장을 만나기 위해 양곤으로 다시 돌아가야 했다. 그는 킨 마웅 조 산림청장의 요구에 깜짝 놀랐다. 그가 좀더 폭넓게 호랑이를 보호하기 위해 2만 1760제곱킬로미터에 달하는 계곡 전체를 보호구역으로 지정하겠다고 했기 때문이었다. 앨런 박사가 야생동물 보호를 위해 일하면서 보호구역 면적이 너무 좁다고 이의를 제기받은 적은 한 번도 없었다.

성공 가능성은 매우 높아 보였다. 후콩 계곡은 4개 소수 부족 10만 명 정도가 모여 사는 지역이었다. 행정 구역 6개와 교도소, 대규모 농장, 반란군인 카친 독립군 본부KIA도 있었다. 그러나 광활한 지역을 보호구역으로 지정할 수 있는 기회를 놓칠 수는 없었다. 넓은 지역에서 서식해야 하는 포식자인 호랑이에게는 더없이 적절한 규모였기 때문이었다. 앨런 박사는 산림부 장관인 아웅 폰에게 제안한 적이 있었다. 그리고 지역에 대한 정보를 더 모으기 위해 3년을 달라고 요청했으나, 건강이 좋지 않아 1년을 고스란히 허비해버렸다.

그동안 미얀마 정부는 1955년 이후로 파괴된 채 방치되었던 레도 도로를 열기 위해 다리를 복구했다. 사람들이 물밀듯 밀려들면서 야생동물을 불법 포획하고 목재와 광물, 특히 금을 제멋대로 채취했다.

앨런 박사는 피사체가 앞으로 지나가면 자동으로 찍히는 카메라 트랩(몰래 사진을 찍을 수 있도록 설치한 카메라 장비를 말한다. 카메라와 플래시, 움직임 감지 장치와 신호 송신기, 수신기 등 여러 장비를 함께 설치한다─옮긴이)을 설치해서 찍은 사진으로 호랑이와 먹잇감의 개체 수를 파악하면서 보호구역을 집중적으로 조사하기 시작했다. 호랑이를 철저하게 보호하기 위해서는 호랑이가 서식하는 '중심 지역'을 확실하게 밝혀내는 일이 가장 중요했다. 엄격한 지침을 정해서 지역 주민은 중심 지역을 제외한 곳만 이용할 수 있도록 했다.

4×6인치 사진 무더기를 컴퓨터 프로그램에 입력하자 답이 나왔다. 보호구역 중심 지역에는 25~50마리, 계곡 전체에 80~100마리 정도가 서식하고 있었다. 무분별한 사냥에도 후콩 계곡에는 호랑이가 좋아하는 먹잇감인 사슴과 멧돼지가 여전히 충분했기 때문이다. 기대에 못 미치는 숫자였지만, 보호구역을 설치할 명분으로는 충분했다. 또 인도 동북쪽 숲과 타이와 말레이시아 지역 삼림 지대가 반드시 연결되어 있어야 한다는 중요한 사실도 알아낼 수 있었다.

호랑이 보호 계획이 성공하려면 인근 지역 주민의 협조가 필수적이었다. 앨런 박사는 카친 독립군 지휘관을 만나기 위해 지뢰밭을 무사히 빠져나갔고, 고산족인 나가 족과 리수 족 마을 족장과 함께 이야기를 나누었다.

2004년 3월, 앨런 박사가 밀림에 첫발을 내디딘 지 5년 만에 후콩 계곡은 호랑이 보호구역으로 지정되었다. 기존 보호구역의 3배에 달하는 면적이었다. 이제는 세심한 관리와 보호 계획을 세우고 번식을 위해 주의 깊게 관찰하는 등 각별한 주의를 기울여야 한다.

후콩 계곡처럼 광활하고 복잡한 호랑이 보호구역 사업이 성공을 거두리라는 보장은 전혀 없었다. 그러나 앨런 박사는 야생동물 보호구역에 대해 쓴 저서 『죽음의 계곡에 사는 생명Life in the Valley of Death』에 이렇게 썼다. "확실히 실행 가능한 목표보다 훨씬 더 힘든 목표를 세우는 사람만이 세상을 실제로 바꿀 수 있다."

나는 후콩 계곡에서 2가지 방법으로 이동했다. 우리는 매일 강기슭을 따라 걸었고, 앞을 가로막는 나무를 쳐내며 숲을 가로지르기도 했다. 날카로운 등나무에 긁히고 거머리가 몸에 달라붙기 일쑤여서, 밤에 캠프로 돌아가서 살펴보면 격렬한 칼싸움을 한 듯 보였다. 나는 아 푸를 데리고 종종 작업을 하러 나섰는데, 그가 숲길을 걷는 데 초인적인 기술을 지녔기 때문이었다. 리수 족인 아 푸는 전설적인 호랑이 사냥꾼으로, 야생동물 보호구역에 고용된 사람이었다. 숲속에서 가끔 만난 마카크(영장목 긴꼬리원숭잇과 마카크속에 속하는 동물을 총칭하는 말—옮긴이)나 삼바와 비슷하게 생긴 거대한 말코손바닥사슴, 코뿔새를 비롯한 많은 동물이 경계심을 강하게 보이는 이유는 분명히 마구잡이식 불법 포획 때문이었다. 동물에게 인간은 두렵고 피해야 하는 존재였다.

계곡 안쪽으로 더 깊이 들어가면서 나는 야생동물이 사람을 극도로 경계하는 이유를 알 수 있었다. 보호구역이 조성된 이후 1년 반 동안, 그곳은 앨런 박사가 처음 내게 이야기한 것과는 매우 다르게 변해 있었다. 앨런 박사가 3년 전에 처음으로 야생동물 조사를 시작했을 때만 하더라도 보호구역 내에 사는 주민은 5000명 정도에 불과했다. 그 이후, 미얀마 정부는 드넓은 친드윈 강을 따라 다리를 새로 짓기도 하고, 때로는 나무로 만든 뗏목이나 제2차 세계대전 당시의 잔해를 한데 엮어 임시방편으로 다리를 놓기도 했다. 오랫동안 제 기능을 하지 못했던 레도 도로가 다시금 통행이 가능해진 것이었다. 후콩 계곡으로 접근하게 되자, 지역 내 주민이 수백 년간 해오던 소규모 금광 사업이 급격하게 규모가 커졌고 골드러시로 이어졌다. 미얀마의 한 잡지에 일확천금을 거머쥘 수 있다는 광고가 실리자, 전국에서 15만 명이 넘는 사람들이 몰려들었다. 대부분은 금을 캐기 위해서 왔지만, 대나무나 목재, 야자수, 등나무 또는 광물인 호박 같은 산림자원을 채취하려고 온 사람도 꽤 있었다.

우리는 레도 도로를 통해 인근 지역에서 가장 큰 광산이 있는 싱붜양으로 향했다. 레도 도로는 다시 통행이 재개되었지만, 길 상태는 엉망이었다. 우리가 탄 힐럭스 트럭(일본 도요타 사에서 생산한 트럭—옮긴이)은 차체가 어찌나 높은지 사다리를 놓고 올라타야 할 정도였다. 차바퀴가 계속 미끄러지면서 걸핏하면 질척한 진흙탕에 처박히곤 했다.

싱붜양 지역은 대부분 숲이 사라지고 황무지로 변해 있었다. 고압 호스로 물을 뿌려서 흙바닥은 달 표면에 있는 분화구처럼 움푹 파여 있었다. 18제곱킬로미터에 달하는 면적은 진흙투성이에다 곳곳에 배수로와 구덩이만 있을 뿐, 생명이라고는 찾아볼 수 없었다. 강물은 토사가 잔뜩 섞여 갈색을 띠고 흘렀는데, 광석에서 금을 추출하기 위해 사용한 수은과 청산가리가 그대로 흘러들어 오염된 상태였다. 그런데 심각한 문제는 따로 있었다. 밀림 지역에는 상점이 아예 없다는 점이었다.

갑자기 수천 명에 이르는 사람이 나타나서 숲에서 사냥할 수 있는 것은 무엇이든 가리지 않고 먹어치웠다. 삼바나 멧돼지처럼 호랑이도 좋아하는 먹잇감을 주로 사냥했다. 가장 가까운 도시인 미치나(미얀마 카친 주의 주도—옮긴이)까지 트럭을 타고 가서 농장에서 사육한 닭고기나 돼지고기를 사는 것보다 숲에서 직접 짐승을 사냥하는 편이 더 저렴하기 때문이었다. 호랑이는 1년에 사슴만 한 동물을 45~50마리 정도 먹는데, 새끼를 기르는 어미 호랑이라면 그보다 많은 70마리 정도를 먹어야 한다. 무분별한 남획으로 호랑이가 생존하는 데 필요한 먹잇감이 사라지고 있었다.

　기사의 초점은 한순간에 바뀌어버렸다. 더 이상 호랑이에 대한 이야기나 주변 생태계, 이를 연구하는 과학자 이야기만 하고 있을 수는 없었다. 후콩 계곡에서 아주 당연한 듯 버젓이 벌어지고 있는 호랑이에 대한 학대 문제도 기록해야 했다. 몇몇 지역 주민이 생존을 위해 사냥하는 것이 아니라, 시장에 내다 팔기 위해 야생동물 도살을 대규모로 자행한다. 채굴 작업과 함께 이주민이 마구 밀려들면서 숲은 이미 상당 부분 파괴되었다. 이렇게 인간이 한꺼번에 숲으로 밀려들면 호랑이에게 어떤 영향을 미칠까?

　2003년 2월에 미얀마로 돌아오고 나서야, 나는 레도 도로를 통해 멸종 위기에 처한 야생동물을 불법으로 거래하는 밀수업자도 함께 밀려들었다는 사실을 알게 되었다. 처음으로 이를 눈치챈 것은 미치나에 도착했을 때였다. 내륙 지역으로 이동할 준비를 하는 동안 길 곳곳에서 전통 의약품을 팔고 있는 노점상이 눈에 띄었다. 전통 의약품은 모두 식물이나 동물의 부위로 만든 것인데, 말리거나 액체 속에 담겨 있었다. 11월에 다시 그곳을 지나면서 더 희귀한 부위를 진열해놓은 모습을 보기도 했다. 노점상 좌판 위에 동물 두개골, 뿔, 새 부리, 글라신지(식품이나 약품 포장용으로 쓰이는 반투명의 얇은 종이—옮긴이)에 싸인 정체 모를 가루, 가죽 조각, 곤충, 어딘지 알 수조차 없는 각종 부위, 그리고 0.6미터 크기로 호랑이 뼈를 싼 꾸러미 등이 넘쳐났다. 나는 내 눈으로 본 것에 의문을 품은 채 계곡 안쪽 더 깊은 곳으로 향했다.

　후콩 계곡으로 들어가는 관문인 타나이도 이제는 사람들로 붐볐다. 장마로 인근 지역이 물에

새롭게 통행이 가능해진 레도 도로를 통해 수많은 광부가 금을 캐기 위해
후콩 계곡으로 물밀듯 밀려들었다. 그들은 채굴 작업을 하느라 숲을 없애고 흙을 마구 깎아냈으며,
금을 채취할 때 사용한 수은과 청산가리를 인근 연못으로 마구 흘려보내어
지역을 독으로 오염된 황무지로 만들었다.

싱뷔양의 한 노점상에 걸려 있는 금 무게를 재는 저울.
한때 고요한 마을이었던 싱뷔양은 부를 찾아 미얀마 전역에서 몰려든 이주자로 넘쳐난다.
광부 대부분은 온종일 힘든 노동을 하고 고작 몇 달러밖에 벌지 못한다.

잠기기 전에 구할 수 있는 것은 죄다 구할 요량으로 사람들이 마구 몰려들었다. 호랑이를 잡기 위해 길마다 금속으로 만든 덫과 건드리면 독화살이 튀어나오는 철사로 만든 올가미가 널려 있다는 이야기를 전해 들을 수 있었다. 게다가 화승총으로 무장한 소규모 군대도 있다고 했다. 그들은 보통 사냥꾼과는 아주 달랐다.

　나는 야생동물 사진을 찍으려다가 실패하고 타룽 강에서 야영하는 동안 무장한 군인 2명과 만났다. 그들은 팔뚝에 교도소 문신을 새긴 탈주범이었는데, 막 곰을 사냥한 참이었다. 그들은 쓸개에 구멍을 내서 값비싼 쓸개즙을 얻으려고 곰의 배를 조준해 명중시켰다. 곰의 쓸개즙은 중국에서 전통 약재로 이용되기 때문이다. 곰을 사냥해도 팔 수 있는 부위라고는 곰 발이 전부인데, 1개에 고작 2달러 정도에 거래된다. 곰 1마리 가격이 8달러인 셈이다.

　이들은 동아시아에서도 특히 중국으로 야생동물을 빼돌리는 거대한 조직의 일부에 불과했다. 국제적인 범죄 조직에 의한 불법 밀거래로 미얀마 전체에 서식하는 야생동물 수가 점점 줄어들고 있었다. 후콩 계곡은 범죄 조직이 쉽게 야생동물을 밀렵하는 본거지이기도 했다. 중국의 산업화가 가속화되면서 야생동물을 전통 의약품으로 사용하려는 수요는 더 늘어났다. 줄어들 줄 모르는 수요는 13억에 달하는 중국 인구 중에 새로운 부자가 나타나면서 더 늘어났는데, 베트남과 아시아 여러 국가, 미국 등지까지 전 세계로 퍼져나간 수많은 아시아인이 사용하면서 수요는 더욱더 급증했다. 중국은 호랑이 관련 물품의 최대 수입국이다. '멸종 위기에 처한 야생동식물의 국제거래에 관한 협약CITES'이 조사한 자료에 따르면, 중국은 1990년부터 1992년까지 26개국에 2700만 종에 달하는 호랑이 관련 물품을 수출했다고 한다.

최악의 조합이었다. 수많은 식물과 광물, 1500종이 넘는 동물의 각종 부위, 그것도 멸종 위기에 처한 동물을 포함한 수치였다. 중국에서는 1596년 명나라 때 간행된 『본초강목』(약초 의학서)에 실린, 고대로부터 전해져 내려오는 치료제와 동일한 약재를 무려 4000년 가까이 사용해왔다. 그중에서도 가장 효험이 뛰어난 코뿔소 뿔과 천산갑 비늘, 호랑이 부위 등을 찾으면서 이 동물은 사냥에 의해 지구상에서 이미 자취를 감춰가고 있다.

1000년 동안 아시아 지역 주술사는 질병을 치료하면서 호랑이에게 주술적인 힘과 약효가 있다고 생각했기 때문에 호랑이는 만병통치약으로 여겨졌다. 코부터 꼬리, 눈, 콧수염, 뇌, 살점, 피, 생식기와 내장까지, 일일이 나열할 수도 없는 온갖 부위가 수많은 질병을 치료하기 위한 치료제로 쓰인다. 호랑이는 간과 신장을 낫게 해준다고 알려졌고, 간질, 탈모, 염증, 귀신 들린 증상, 치통, 말라리아, 광견병, 피부병, 가위눌림, 무력증, 열, 두통에 이르기까지 모든 병에 두루두루 사용되었다.

그중에서도 특히 호랑이 뼈는 효력이 매우 강한 약품이었다. 갓난아기를 호랑이 뼈를 곤 물로 씻기면 질병 없이 튼튼하게 자란다고 믿기도 했다. 호랑이 고기를 뼈째로 청주에 담가 우려내 만든 호랑이 뼈 와인 수요도 점점 늘고 있다. 호랑이 뼈 와인을 마시면 관절염과 근육통을 치료하고, 혈액의 흐름과 기(중국인이 만물에 깃들어 있다고 생각하는 힘)를 좋게 해주며, 호랑이의 힘찬 기운을 전해 받을 수 있다고 여기기 때문이다. 1994년부터 몇몇 중국 의사는 호랑이를 이용한 약품이 효험이 별로 없다며 이를 이용한 치료를 거부하기도 한다.

30년 전까지만 해도 과학자들은 중국 전통 의약품이 호랑이 개체 수를 급격하게 감소시키는 주요 원인이 되리라고는 짐작도 하지 못했다. 중국 내에서 호랑이 개체 수가 곤두박질치자 전문 밀렵꾼은 올가미와 덫, 총으로 하는 호랑이 사냥을 아시아 전역으로 넓혔는데, 주로 정부 관리가 부패해서 법 집행이 되지 않는 곳, 경제활동이 거의 없는 곳을 근거지로 삼았다. 밀렵꾼은 호랑이 사냥을 하거나 안내원 역할을 맡길 때 토착 부족 출신을 고용했다. 그리고 호랑이를 사냥한 뒤 중요한 부위를 국경 너머에 있는 중국 전통 의약품 생산자에게 넘겨주었다.

1986년이 되자 호랑이는 전 세계적으로 멸종 위기생물로 분류되었다. 다음 해, 호랑이 거래를 법으로 금지하는 국제조약이 제정되자 불법 거래가 성행했다. 중국은 1993년에 자국 내에서 호랑이 뼈 거래를 금지했지만, 암거래 조직은 여전히 남아 있는 실정이다. 호랑이 사냥은 모든 곳에서 불법이지만 밀렵은 점점 늘어가고 있다. 개체 수가 줄어들면서 호랑이 몸값은 산 것이든 죽은 것이든 하늘을 찌를 기세로 치솟고 있다. 중국 전통 의약품을 생산하기 위한 밀렵이(그다음으로 많은 수요가 호랑이 가죽이다) 호랑이의 생존을 위협하는 가장 큰 원인이다.

2008년 국제형사경찰기구인 인터폴INTERPOL이 보고한 내용에 따르면, 불법 무기 거래와 마약, 인신매매를 주로 하는 비밀 범죄 조직이 야생동물 밀거래에도 손을 대고 있다고 한다. 비교적 안전해서 국제적인 범죄 조직 사이에 가장 빠르게 번지고 있고, 높은 이익을 가져다주고 있다는 것이다. 게다가 호랑이 밀매로 발생한 수입 중에 무기 구매와 시민전쟁에 대주는 뒷돈이나 테러리스트의 활동비로 매년 200억 달러가 흘러들어가고 있다고 한다. 상황이 이러한데도 대부분 국가에서는 야생동물 밀거래를 단순히 '환경' 문제로만 인식하고 그리 대수롭지 않게 여긴다.

경찰과 세관 관계자는 밀렵꾼을 체포하고 물건을 압수하기는 하지만, 처벌이 몹시 가벼워서 극

소수의 밀렵꾼이나 밀수업자만이 징역형처럼 무거운 처벌을 받는다. 2010년에 이르러서야, 인터폴은 호랑이 밀렵과 밀거래를 막기 위한 '호랑이 프로젝트'를 비롯하여 국가 간 공조 수사와 처벌이 가능한 환경 범죄 프로그램을 시작했다. 국제연합환경계획UNEP 사무총장인 아힘 슈타이너는 2013년에 국제적으로 이를 엄중하게 단속하겠다고 나섰다. 이런 노력이 효과적으로 이루어지지 않는다면 밀수 조직도 사라지지 않을 것이다.

후콩 계곡에서 호랑이를 보호하는 일이 얼마나 어려운지 이해하기 위해(호랑이를 보호하는 일이 그리 단순하지 않다는 사실을 알기 위해), 지역 토착 부족과 전통에 대해 이야기하지 않을 수 없다. 저지대 부족인 카친 족과 리수 족, 고산 지대 부족인 나가 족에 대해 말이다.

카친 족은 카친 독립군이 결성된 1961년부터 자치권을 위해 끊임없이 투쟁을 벌이고 있다. 정부군을 막기 위해 제2차 세계대전 때에는 여름 폭우를 무사히 버텨낸 다리를 모두 폭파하기도 했다. 1994년, 정전 협정에 양측이 합의하기까지 소규모 총격전이 끊이지 않았다. 카친 독립군은 야생동물 보호구역 내에 자리 잡은 본부를 중심으로 후콩 계곡 내에서 여전히 영향력을 행사하고 있기 때문에, 보호구역 내에서 보호 작업이 효과적으로 이루어지려면 그들의 협조가 필수적이다. 원래 카친 독립군은 야생동물 사냥에 대해 엄격한 기준이 있었다. 그러나 카친 독립군 또한 금광에서 일하는 광부를 대상으로 숙소를 운영하고 있기 때문에, 광부를 먹이기 위해 사냥꾼을 고용하는 실정이었다. 우리가 몰래 설치한 카메라에 카친 독립군이 사냥한 짐승 머리를 운반하는 모습이 찍히기도 했다.

밀림 지역에는 상점이 없어서 수천 명에 달하는 금광 광부가 삼바를 비롯한
호랑이 먹잇감을 마구 잡아먹는 바람에 호랑이가 먹을 것이 없어서 서식지를 떠나고 있다.

밀렵꾼은 끊임없이 후콩 계곡으로 밀려들어 호랑이, 곰,
여러 야생동물을 닥치는 대로 사냥했다. 사냥한 동물은 밀수꾼에게 팔려
중국 전통 의약품을 만드는 데 사용되기 위해 운반되었다.
이 곰은 발바닥을 팔기 위해 목숨을 잃었는데, 겨우 8달러에 팔려나갔다.

미치나 북쪽 도시에 있는 노점상에서 중국 전통 의약품을 만드는 데 사용되는 동물을 죽 늘어놓았다. 뿔, 코끼리 가죽, 호랑이 뼈도 있다. 호랑이는 거의 모든 부위가 4000년 된 처방에 따라 약품을 만드는 데 이용되고 있다. 중국에서 호랑이 성분이 든 의약품 수요가 급증하면서 호랑이 사냥이 늘어나, 호랑이는 지구상에서 사라질 위기에 놓였다.

　나는 앨런 박사와 함께 카친 독립군 본부를 방문하는 허가를 얻기 위해 카친 주 관청으로 갔는데, 앨런 박사에게만 방문을 허락했다. 여러 가지 보안상의 이유로 카친 독립군 측에서는 내가 앨런 박사와 동행하는 것을 허가하지 않았지만, 순찰을 나온 군인을 촬영할 수는 있었다.

　카친 독립군 지휘자와 상급 장교를 만난 자리에서 앨런 박사는 호랑이의 현재 상태를 알리고 호랑이 먹잇감을 보호해야 한다고 설명했다. 앨런 박사는 "호랑이 먹이가 사라지게 되면 호랑이 머리에 총을 겨누는 것과 마찬가지입니다"라고 말했다. 카친 독립군 측에서 호랑이 사냥은 리수족이 더 많이 한다고 핑계를 대자, 앨런 박사는 카친 독립군이 사냥하는 모습이 담긴 4×6인치 사진을 보여주었다. 카친 독립군 지휘관은 그제야 호랑이를 보호하는 데 동의했다. 그러나 그들이 고용한 사람이 먹을 음식을 구하려면 돈이 필요하다고 주장했다.

생물학자이자
미얀마 북부 산림 단지 관리인

미얀마에서는 호랑이가 힘과 강력한 기상을 상징하며 만물의 우두머리로 여긴다고 소 툰은 말한다. "특별하고 소중한 동물을 구하는 일은 건강한 생태계를 보존하고 인간을 보호하는 일입니다." 호랑이는 그가 하는 모든 환경 보존활동의 원천이었다.

옥스퍼드 대학을 졸업하고 미얀마 북부 지역 험준한 산에 서식하는 야생동물을 연구하던 툰은 2005년에 뉴욕에 본사를 둔 야생동물보호협회에서 일하면서 미얀마 전역에 있는 거대한 5개 공원과 야생동물 보호구역을 관리하는 직책을 맡았다. '북부 산림 단지'에는 호랑이 보호구역인 후콩 계곡도 포함되어 있었다. 밀렵이 매우 성행하는 곳이라 호랑이뿐만 아니라 어떤 야생동물이든 보호 계획 없이는 살아남기 어려운 지역이었다. 야생동물보호협회 타이 지부 대표인 토니 리남은 새로 꾸린 공원 경비대를 훈련시키기 위해 팀을 이루었다. 토니 리남과 툰은 자신이 살고 있는 고향을 반드시 보호하겠다고 생각하는 인근 주민을 공원 경비대로 뽑았다. 그리고 모인 사람에게 기본적인 순찰 체계와 보호구역 내에 있는 중심 지역을 적은 인력으로도 집중적으로 순찰하는 법을 가르쳤다. 그러나 상주하는 경비대만으로 버몬트(미국 동북부에 있는 주—옮긴이)에 맞먹는 보호구역 전체를 순찰하기엔 역부족이었다.

공원 경비대가 설립되자마자, 툰은 최신식 기술 훈련도 함께 실시했다. 경비대 대원은 생물학자이자 북부 산림 단지 관리자인 툰과 함께 일하면서 자료를 모아 입력하는 법을 배웠다. 또 GPS로 위치를 추적하고 이동로를 기록하며 위협물을 감시했다. 그래서 불을 피운 장소와 사람 발자국에서 밀렵꾼이 캠프로 사용한 자취까지 알아냈다. 매달 회의를 열어 자료를 분석하고 다음 달 순찰을 위한 계획을 세웠다.

그렇지만 밀렵 현장을 단속하는 일은 50여 명의 경비대원만으로는 부족했다. 보호구역 내에 살고 있는 주민의 정보망과 긴밀한 협조가 절실한 상황이었다. 그중에서도 후콩 계곡에 본거지를 두고 실질적인 지배력을 행사하고 있는 카친 독립군과 후콩 계곡을 에워싼 고산 지대에 사는 토착 부족인 나가 족의 협조가 중요했다.

나가 족의 협조 없이는 호랑이 보호구역을 지정해야 한다는 앨런 라비노비츠 박사의 장기 계획이 이루어질 수 없을지도 모르는 상황이었다. 소 툰은 빽빽하고 가시나무가 무성한 밀림과 깎아지른 봉우리를 원정하는 앨런 박사를 위해 안내와 통역을 맡았다. 카친 독립군 지휘관과 여러 차례 회의를 거듭한 끝에, 군인들이 야생동물을 사냥하고 밀거래를 하지 못하도록 엄중하게 단속하겠다는 약속을 받아낼 수 있었다. 나가 족 족장 또한 호랑이 보호 계획을 기꺼이 받아들였다. 나가 족은 호랑이를 매우 신성시하고, 조상의 영혼을 지니고 있다고 믿기 때문이었다.

지역 주민 대부분은 이 지역이 호랑이 보호구역으로 지정되었다는 사실조차 몰랐다. 그래서 소 툰과 동료는 지역 주민을 위한 사업을 실행했다. 지역 주민에게 경작하고 가축을 기르고 대나무와 등나무 및 여러 작물을 채취할 권리가 있다는 사실을 확실하게 알려주었다. 그 대신 반드시 지켜야 할 규칙도 함께 제시했다. 야생동물 밀렵은 절대로 할 수 없다는 것이었다. 그리고 보호구역 내에서 채취한 산림자원은 부족 내에서만 사용할 수 있고 거래할 수 없다는 규칙도 알려주었다. 핵심은 그 규칙을 어기지 않는 것이었다. 덕분에 앨런 박사는 대중적인 지지를 얻을 수 있었다. 벌목과 땅을 황폐하게 만들던 무분별한 골드러시는 마구잡이로 이루어지던 야생동물 남획과 더불어 중단되었다.

그러나 2011년 6월, 미얀마 정부와 카친 독립군 사이에 성립된 17년에 걸친 정전 협정이 끝났다. 1년 반 뒤, 강력한 포격과 공중 공격이 시작되면서 전쟁에 다시 불이 붙었다. 심각한 문제는 양쪽 모두 지뢰가 계곡 어디에 묻혀 있는지 모른다는 사실이었다. 툰은 현재 평화를 되

사진 | 랏 이 남 킨

찾은 보호구역 내에서 조사와 보존 작업을 재개하는 계획을 세우는 데 온 힘을 쏟고 있다. 동료들은 숲 속으로 들어가기가 너무 위험해서 큰 도로를 따라 이동하며 순찰을 최소한으로 하고 있다. 희망적인 점이 있다면 전쟁이 일어나는 동안에는 밀렵꾼도 숲에 들어갈 수 없다는 사실이다.

전쟁 전에도 툰은 호랑이 개체 수가 적긴 하지만 야생동물이 더 이상 사라지지는 않을 것이라고 말했다. 툰이 물었다. "야생동물이 죽은 걸까요? 아니면 험한 산속이나 외딴 범람원으로 서식지를 옮긴 걸까요?" 그들은 곧 해답을 찾을 것이다.

나가 족의 사진을 찍기 위해, 나는 2003년 4월 킨 테와 닐라르 퓐을 따라 남윤으로 향했다. 그곳은 인도 국경과 인접한 깊은 산속에 위치한 외딴 마을로, 서양인이 방문한 적이 한 번도 없었다. 테와 퓐 두 사람은 야생동물보호협회와 함께 일하면서 야생동물 보호구역 내 50여 개 마을을 정기적으로 방문하여 마을 사람들이 숲에서 본 동물과 사냥해서 먹고 파는 야생동물을 자세히 조사하는 일을 맡고 있었다. 특히 나가 족은 전사로 알려진 몹시 사나운 부족으로, 불과 수십 년 전까지만 해도 인간을 제물로 바치던 식인종이었다. 게다가 나가 족은 유머 감각이 뛰어나기로도 유명하다. 나가 족은 현재 험준한 산꼭대기에서 외부 침입자라고는 전혀 없이 평화롭게 살고 있다.

우리는 내 생일날 남윤에 도착했다. 나는 샤먼 집으로 안내를 받았는데, 그는 대나무와 야자나무로 만든 오두막 안에 칩거하고 있었다.

잠시 후, 샤먼은 소리를 지르면서 집 밖으로 나와 내 가슴에 창을 들이대며 사납게 노려보았다. 아랫도리만 겨우 가리는 구슬 장식이 달린 샅바를 걸치고, 호랑이 가죽으로 만든 끝이 뾰족한 모자를 쓰고, 호랑이 이빨로 만든 목걸이를 배꼽 부근까지 늘어트린 모습이었다. 그러더니 어이없게도 몸을 웅크리며 혼자서 웃음을 터뜨렸다. 나는 환대를 받으면서 마을을 둘러보고 음식까지 대접받았다. 나중에 샤먼은 내가 전혀 알아들을 수 없는 노래를 부르면서 불 옆에 앉아 사진 찍을 포즈를 취했다. 내 생일 파티나 다름없었다.

나가 족에서 호랑이 사냥꾼은 굉장히 높은 지위였다. 그리고 호랑이 발, 이빨과 가죽을 몸에 지니는데, 이를 아주 강력한 부적으로 여긴다. 호랑이는 나가 족에게 전해져 내려오는 설화에서 늘

3개월에 걸쳐 현장 조사를 마친 후 미얀마 생물학자가
몰래 숨겨둔 카메라로 찍은 호랑이 사진을 살펴보며 후콩 계곡 내 호랑이 개체 수를 추정하고 있다.
인간의 지문만큼이나 독특한 줄무늬로 호랑이를 구분한다.

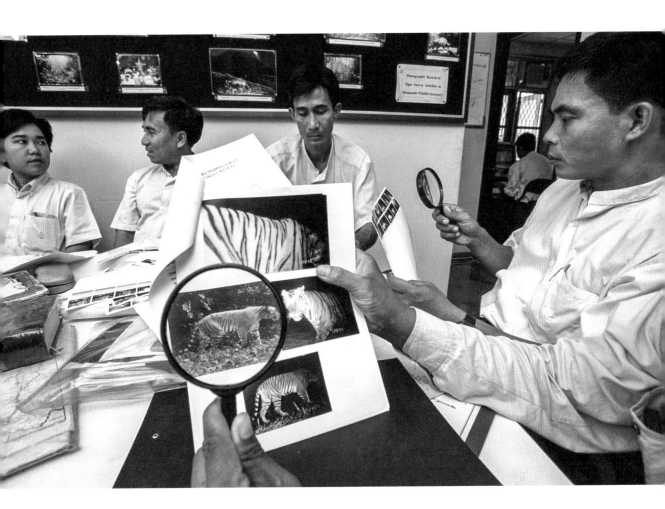

최고의 존재다. 유명한 신화에서 인간과 호랑이는 형제로, 한쪽은 인간이고 다른 한쪽은 줄무늬를 지닌 호랑이였다. 어떤 부족은 지금까지도 호랑이가 조상의 영혼을 데려온다고 믿기도 한다.

나가 족 부락 사람들은 20년 동안 호랑이는 전혀 보지 못했지만, 사슴같이 작은 야생동물은 아주 많이 남아 있다고 했다.

나는 일을 거의 마친 상태였지만, 리수 족 사냥꾼을 만나보고 싶었다. 리수 족의 대단한 사냥 기술이 호랑이 보호 계획에서는 가장 큰 걱정이었다. 우리는 대나무를 엮어 만든 뗏목을 타고 타룽 강을 따라 이동해 레도 도로로 향했다.

그곳에서 나는 육군 장교에게 체포되었다. "우리가 서양인을 발견했다." 육군 장교가 크랭크를 돌려 충전하는 구식 무전기에 대고 마구 소리를 질렀다. 내가 왜 지명 수배자가 되었는지 전혀 몰랐는데, 허가증이 당초 예상대로 연장되지 않아서 미얀마 당국에서 나를 찾고 있었던 것이었다. 장교는 나를 배에 태워 다시 타나이로 보냈다.

나는 병이 난 척하고 호텔에 혼자 틀어박혀 있다가, 어두운 밤을 틈타 리수 족 부락까지 재빨리 이동했다. 마을 촌장이 함께 지낼 수 있도록 맞아주었다. 촌장 집으로 들어가자, 대나무로 만든 벽 전체가 삼바, 문자크, 마카크 두개골로 가득했다. 리수 족은 전통적으로 자신이 사냥한 동물의 영혼에 기도를 올려야 앞으로 있을 사냥에 운이 따른다고 믿는다.

다음 날, 촌장은 30세 된 아들이 마카크 사냥을 나가는 데 내가 동행하도록 허락했다. 나는 촌장의 아들에게 과거에는 식량을 마련하는 것 외에 다른 이유로 야생동물을 사냥했는지 물었다. 전혀 그런 적이 없다고 대답했다. 촌장의 아들은 아버지처럼 전리품으로 짐승 머리를 벽에 걸어두는가? 또다시 아니라는 대답이 돌아왔다. 촌장의 아들 세대는 동물 두개골을 중국인에게 팔아넘긴다고 했다.

우리는 그날 원숭이를 1마리도 발견하지 못했다.

리수 족은 훌륭한 호랑이 사냥꾼으로 명성이 높지만, 리수 족뿐만이 아니었다. 1933~1936년까지만 해도 미얀마에는 호랑이 개체 수가 워낙 많아서 호랑이를 사냥해 머리를 가져오면 정부에서 포상금을 줄 정도였다. 공식 기록에 따르면 1100마리에 달하는 호랑이가 포획되었는데, 실제로는 훨씬 더 많을 것으로 추정된다. 50년 후, 산림청에서는 남아 있는 호랑이 수가 3000마리라고 발표했다. 1996년까지, 호랑이는 수년간 아예 모습을 드러내지 않았다. 그리고 확인되지 않은 추정치로는(미얀마 인근 개체 수에 근거한 추정치) 600~1000마리에 지나지 않는다.

나는 미얀마에서 인도차이나호랑이 사진은 1장도 찍지도 못했지만, 야생동물보호협회 소속 호랑이 팀에서는 사진을 찍은 적이 있었다. 그들은 조사를 완료하고 앨런 박사에게 결과를 보고했다. 호랑이 팀은 후콩 계곡 내 어딘가에 70~100마리 정도의 호랑이가 살고 있으며, 250제곱킬로미터당 2~3마리꼴이라고 했다. 좀더 정확히 수치를 따지면 절반 정도로 줄어들 것이다. 생존이 가능한 호랑이 개체 수는 80~100마리로, 최소 8~10마리 정도의 수컷 호랑이와 생식 능력을 갖춘 암컷 호랑이가 20마리, 나머지는 늙거나 어린 암컷 호랑이와 새끼로 이루어졌을 듯하다.

비슷한 조건을 갖춘 인도 서식지에는 10배 정도 더 많이 호랑이가 산다. 보호구역 면적을 비교하면 개체 수는 훨씬 많은 수준이라고 볼 수 있다. 앨런 박사가 이 같은 소식을 정부 관계자에게 전했고, 2004년 3월 15일 미얀마 군정에서는 후콩 계곡을 전 세계에서 가장 큰 호랑이 보호구역으로 지정하게 되었다. 이 지역은 약 2만1760제곱킬로미터에 달하는 넓은 야생 지대로, 지구상에서 가장 넓은 울창한 숲이며 기존에 지정된 보호구역보다 3배 더 넓었다. 규모만 보더라도 여타 보호구역과는 완전히 달랐다. 가능성은 희박하지만, 숲의 규모로 보면 수백 마리의 호랑이가 살 수 있을 정도다.

그러나 새로운 보호구역은 야생동물과 인간 모두를 위한 곳이다. 호랑이에게는 풍부한 먹잇감과 새끼를 키우며 안전하게 살 수 있는 장소가 필요하다. 지역 내 부족 역시 생존 대책이 필요한 상황이다.

후콩 계곡 내에는 10만 명이 넘는 주민이 거주하고 있다. 6개 행정 구역으로 나뉘어 있으며, 카친 독립군 지배지, 나가 족 반란군 거주지, 금광촌, 농장 지대, 교도소, 군대, 수도원까지 있다. 그런데 앨런 박사는 보호구역을 지정하면서 이들 모두를 염두에 두었다. 보호구역에는 호랑이가 안전하게 보호받으며 새끼를 키울 수 있도록 인간은 전혀 살지 않는 중심 지역이 존재하며, 다른 곳과 4개 통로로 연결되어 있다. 가장 개체 수가 많은 지역은 '다중 이용' 지역으로 지정했다. 다중 이용 지역은 사냥은 물론 낚시와 숲에서 나는 산림자원 채취가 모두 금지된 구역이었다. 그런데도 숲에서 나는 자원을 채취해서 생활하는 사람들이 칼과 바구니, 가방 혹은 총을 들고 있는 모습이 카메라에 찍히기도 했다. 상업적인 포획은 금지했지만 생계를 위한 채취를 허가하자, 균형이 제법 유지되기 시작했다. 이 계획에는 사냥을 금지하는 대신 닭과 돼지를 사육하게 하고 등나무와 대나무를 길러 생태 관광을 추진하는 등 경제적인 장려 정책을 세워두었기 때문이었다. 다행히 이런 계획이 잘 실행된 덕분에 채굴 작업은 중단되었고, 농산물 채취를 위해 숲을 마구잡이로 태우는 일도 줄었으며, 지역 주민은 산림 관리청에 불법을 저지르는 이를 신고하기에 이르렀다. 지역 주민이 규칙을 잘 지켜주기만 한다면 약 2만1760제곱킬로미터에 달하는 보호구역은 모두를 위해 충분히 넓은 장소가 될 것이다.

지난 40년간 수많은 노력을 기울여왔지만, 호랑이는 점점 사라져가고 있다. 대부분 호랑이 보호구역은 규모가 작고 외져서 호랑이를 비좁은 숲에 가둬두는 꼴이었다. 그러나 호랑이는 넓은 지역을 누비며 사냥하고 짝짓기를 하며 영역을 구축하지 못하면 오래 생존할 수 없는 동물이다. 후콩 계곡이라는 드넓은 보호구역에서 호랑이 보호 계획을 세우면서, 앨런 박사는 호랑이가 새끼를 낳아 개체 수를 늘리고 먹잇감을 사냥하면서 생존하게 하려면 좀더 넓은 지역이 필요하며, 게다가 반드시 서로 연결되어 있어야 한다는 사실을 새롭게 인식하게 되었다. 호랑이는 드넓은 지역을 돌아다니며 사냥하고 새끼를 길러야 하기 때문이다. 호랑이 보호 계획이 성공적으로 이루어지기 위해서는 유전적인 교류도 뒤따라야 한다. 고립된 동물은 근친교배를 하게 되므로 면역력이 낮고 건강에 문제가 있는 새끼를 낳게 되므로 멸종 위기에 처한다. 새로운 무리에서 탄생한 암수가 만나 새끼를 낳아야만 세대가 계속되면서 건강한 유전자를 유지할 수 있다.

호랑이 보존 사업 규모는 2004년이 되면서 더욱 커졌다. 후콩 계곡 동쪽 국경 지역을 따라 자리 잡은 쿠몬 산맥 일대가 또 다른 보호구역으로 지정되었기 때문이다. 인도의 가장 큰 호랑이 보호구역인 남다파 국립공원과 함께 미얀마의 광대한 북부 산림 지대에 보호구역이 4개가 되는 셈이다. 약 3만 6000제곱킬로미터에 이르는 이 구역은 인도차이나호랑이가 서식하는 지역인 인도 동북부와 인도·말레이 지역 사이에서 핵심적인 연결 고리 역할을 하게 될 전망이다.

우리가 조사한 이야기가 2004년 4월 『내셔널지오그래픽』지에 실린 이후로 미얀마 정부에서는 골드러시를 엄중하게 단속 중이다. 최소한 광산에서 일하는 광부의 3분의 2 이상이 떠났고, 총기 사용도 줄어들었다.

넓은 지역을 보호구역으로 지정하면서까지 호랑이 보존을 위해 노력을 쏟고 있지만, 무엇보다 결정적인 위험 요소는 지구 자원이 점점 고갈되고 있다는 사실이다. 어떤 성과도 한순간에 깨지기 쉬우므로 끊임없이 주의를 기울여야 한다.

2011년 6월, 미얀마 정부와 카친 독립군 사이에 맺은 17년간의 정전 협정은 끝이 났다. 공중 폭탄 투하를 포함한 치열한 전투로 보호구역 경비대조차 후콩 계곡으로 진입하기가 매우 위험한 상황이다. 정부군과 카친 독립군 모두 어느 곳이 지뢰밭인지 파악하지 못해 혼란을 겪고 있다. 호랑이 보호 계획은 보류되었다.

그렇지만 호랑이를 보호하려는 투쟁 또한 그 못지않게 격렬하다. 보호 계획을 시행하면 인도차이나 지역에 서식하는 호랑이 개체 수를 다시 늘리는 데 도움이 될 것이다. 그리고 호랑이를 보호하는 일은 호랑이 제국에 사는 모든 생물을 보호하는 길이다.

리수 족 사냥꾼 집 벽에 걸린 전리품.
전통적으로 리수 족은 식량 마련을 위해서만 사냥을 했으며,
성공적인 사냥을 빌며 그들이 죽인 동물의 영혼을 위해 기도했다.
그러나 오늘날에는 암시장에 팔아 돈을 벌기 위해 야생동물을 사냥하기도 한다.

심각한 상황

호랑이가 카지랑가 국립공원 내에 있는
키 큰 갈대밭 속에서 거의 눈에 띄지 않게 움직인다.
일반적으로 호랑이는 밀림에서만 산다고 생각하기 쉽다.
그러나 몸에 난 줄무늬 덕분에 초원에서도 잘 보이지 않아서
사냥을 성공적으로 해내며, 완벽하게 적응해 살아간다.

이른 아침 안개 속에서 창백한 태양이 고개를 내밀었다. 나는 지프차 위 롤바(차량이 뒤집혔을 때 탑승자를 보호할 목적으로 설치된 안전장치—옮긴이)를 밟고 서서 카메라 트랩을 단단히 고정시키던 참이었다. 호랑이가 나무를 긁어대는 모습을 찍고 싶어서 아래쪽을 향해 나무 위쪽에 카메라를 설치해두었다. 그런데 코끼리가 설치해둔 카메라를 박살내버렸다. 야생동물은 카메라가 별로 마음에 들지 않는 모양이었다. 동행했던 공원 경비대원 중 한 사람인 아지트 하자리카가 갑자기 소리를 질렀다. "호랑이가 있어요! 코뿔소도요!" 야생동물 3마리가 안개가 자욱한 진흙길 옆 높은 수풀에서 유령처럼 갑자기 모습을 드러냈다. 어린 호랑이에게 쫓기던 어미 코뿔소 2마리와 새끼 1마리가 우리를 향해 마구 달려왔다. 호랑이는 몸을 홱 돌리더니 사라져버렸다. 그러나 2톤은 족히 넘는 코뿔소가 우리를 향해 돌격하고 있었다. 나는 재빨리 지프차 뒷자리로 뛰어 들어가 마음을 다잡았다. 어미 코뿔소는 트럭 같은 엄청난 힘으로 지프차를 들이받았다. 차문이 우그러들었다. 하자리카가 코뿔소를 겁주려고 구식 소총을 꺼내 땅바닥을 향해 쏘았다. 어미 코뿔소가 한 바퀴 빙 돌더니, 이번에는 차 뒤쪽으로 다시 달려들었다. 총을 여덟 발이나 쏜 후에야 어미 코뿔소는 겨우 차에서 떨어졌다. 나에게 공원을 안내해주던 부드히스와르 코느와르가 전속력으로 차를 출발시켰다. 진창길을 미끄러지듯 달려 깊은 바퀴 자국을 남기며 경비대 초소로 피신한 후, 차가 얼마나 망가졌는지 확인했다. 초소에서 차를 마시면서 마음을 가라앉힐 수 있었다.

새끼 코뿔소가 45분 동안이나 제 어미를 불러댔다. 새끼 코뿔소가 잠잠해지고 난 후, 우리는 코뿔소 2마리가 진흙길을 따라 달려가는 모습을 지켜보았다. 10초쯤 지났을까, 호랑이가 그 뒤를 쫓았다.

그날 저녁, 호랑이는 새끼 코뿔소 사냥에 성공했다. 경비대원은 다음 날 아침에 그 사실을 알았다.

내가 호랑이를 처음으로 본 것은 그야말로 찰나에 불과했다. 거대한 몸집과 수많은 잔물결 같은 근육을 지닌 아름다운 호랑이의 모습을 보는 순간 숨이 턱 막혔다. 동시에 나도 모르게 강한 공포에 휩싸였다.

때는 2007년 9월로 우기가 끝날 무렵이었고, 여러 달 동안 내린 비로 사방이 질척거렸다. 나는 당시 방글라데시와 부탄, 미얀마 사이에 끼어 있는 인도 동북부 아삼 주 카지랑가 국립공원에서 작업 중이었다. 카지랑가 국립공원은 멸종 위기종을 포함하여 경이로울 정도로 다양한 야생동물이 서식하고 있는 지역으로, 아시아에서도 몇 남지 않은 요새 중 하나다. 카지랑가 국립공원은 후콩 계곡과는 대조적이다. 후콩 계곡에 적은 수의 동물이 드넓은 장소에 마구 흩어져 살고 있는 데 반해, 이곳은 작은 노아의 방주 안에 아프리카 대초원에서나 볼 법한 수많은 동물이 모두 들어앉은 모습이었다. 나는 카지랑가 국립공원의 다양한 생태계를 카메라에 담고, 일부 지역에서 급작스럽게 늘어난 지역 주민이 보호구역 경계 지역까지 침범한 가운데 야생동물을 보호하기 위해 어떤 노력을 하는지, 그 실상을 기록하기 위해 온 길이었다. 첫 번째 방문 때는 조너선 플레밍, 2008년 1월에 다시 방문했을 때는 가베 델로아크의 도움을 받으면서 총 5달 동안 카지랑가 국립공원에서 지냈다.

카지랑가 국립공원에서 벵골호랑이는 먹이사슬의 맨 꼭대기를 차지하고 있었다. 인도 전역에서 호랑이 개체 수가 감소하고 있었지만, 카지랑가 국립공원 내에서는 늘어나고 있다. 아삼 주에 본부를 둔 야생동물 보호 단체인 아란야크Aranyak에서는 자동으로 움직임을 감지하는 장치와 플래시가 딸린 카메라 100대를 설치해 3년 동안 호랑이 개체 수를 조사했다. 2011년, 아란야크에서는 카지랑가 국립공원에 호랑이 100여 마리가 서식하고 있는 것으로 추정했는데 인도에서 가장 수가 많았다. 약 97제곱킬로미터당 호랑이 28마리가 서식하는 셈으로, 전 세계적으로 개체 수 밀도가 가장 높은 지역이기도 하다.

처음으로 차를 타고 공원을 둘러보기 위해 나갔다가 나는 적갈색 돼지사슴과 몸집이 좀더 큰 인디아사슴이 갑작스러운 우리의 출현에 잔뜩 겁을 먹고 멀리 도망가는 모습을 목격했다. 호랑이가 이곳에서 번성하는 이유를 분명히 알 수 있었다. 카지랑가 국립공원은 초식동물에게는 천국과 같은 곳이었다. 카지랑가 국립공원 내의 무성한 초원은 멧돼지와 아시아물소, 새끼 아시아코끼리와 인도외뿔코뿔소(호랑이는 이곳에서 새로 태어나는 코뿔소 새끼의 15퍼센트 정도를 먹어치운다), 그리고 3종류의 사슴 외에도 다양한 호랑이 먹잇감에게 완벽한 서식지가 되어주었다. 호랑이의 사냥 성공률은 10퍼센트 정도로 꽤 낮은 편이다. 그래서 호랑이 먹잇감 수가 많아야 새끼에게 먹이를 충분히 먹여 키울 수 있다.

원래 카지랑가 국립공원은 완만한 기복을 보이는 남쪽의 카르비 앵글롱 언덕과 북쪽의 끝없이 흐르는 브라마푸트라 강 사이에 끼인 비옥한 범람원으로, 풀이 무성한 늪지와 숲이 우거진 섬이다. 브라마푸트라 강은 이곳에 사는 모든 생명의 젖줄이다. 매년 여름 우기마다 브라마푸트라 강물이 불어나 계곡을 타고 범람하면서 인근 지역은 비옥한 침전물로 뒤덮인다. 흘러넘친 물이 모두 빠지고 나면 평원에는 하늘지기와 키가 4.5미터 되는 부들이 빽빽하게 들어차서 몸집이 큰 초식 동물에게는 이상적인 먹이가 되어준다. 인도 어디에도 이곳만큼 먹이가 풍부한 곳은 찾기 힘들다.

호랑이 이야기가 내게는 특별한 도전이었다. 나는 사진 촬영이 금지된 곳에서 야생동물을 촬영해본 적이 전혀 없었다. 카지랑가 국립공원 총책임자인 부라고하인은 사진 촬영 작업이 무척 위험하다고 생각했다. 나도 그 이유를 알고 있었다. 전에 경험했던 어미 코뿔소 공격 사건이 자주 일어나기 때문이었다. 비교적 좁은 지역에 많은 코뿔소가 모여 살아서인지 공격성이 매우 강했다. 코뿔소뿐만 아니라 코끼리와 물소 떼, 호랑이도 큰 걱정거리였다.

처음에는 오픈 지프를 타거나 코끼리를 타고 이동하며 사진을 촬영했다. 나는 카지랑가 국립공원 전체를 돌아다닐 수 있도록 허가를 받은 상태였다. 매년 카지랑가 국립공원을 찾는 8만 명 정도의 관광객에게는 출입이 제한된 넓은 지역까지도 허용되었다. 그런데 출입 제한 구역에 들어갈 때는 무장한 공원 경비대원과 동행해야 한다는 조건을 꼭 지켜야 했다. 그렇지만 나는 평소에는 보기 힘든 동물의 생생한 움직임을 눈높이에서 찍어 동물에 대한 시각을 넓히고 동물의 미래에 좀더 주의를 기울이도록 하고 싶었다. 그러기 위해서는 카메라 트랩을 설치하는 방법밖에 없었는데, 부라고하인은 땅을 파서 카메라를 설치하는 일을 허락하지 않았다. 몇 번이고 설득한 끝에 부라고하인이 뜻을 굽혔고, 카지랑가 국립공원 전역에 카메라 트랩 14개를 설치할 수 있었다. 야생동물이 지나간 흔적이 뚜렷하게 남은 길목이나 진흙에 깊이 찍혀 채 마르지 않은 발자국이 수컷 코뿔소의 몸에 경쟁자 수컷의 것인지 짝짓기 상대인 암컷의 것인지 모를 피가 묻어 있다.
뒤에는 암컷인 듯한 코뿔소도 찍혔다. 카지랑가 국립공원에는 인도에 남은 인도코뿔소 중
4분의 3이 서식하고 있다. 새끼 코뿔소는 호랑이가 아주 좋아하는 먹잇감이다.

나 발굽 자국이 발견된 곳을 골라 카메라 트랩을 설치했다. 장마가 끝난 지 얼마 지나지 않아서 보호구역 대부분이 여전히 물에 잠겨 있었다. 나는 동물이 물에 잠기지 않은 고지대로 이동하려면 반드시 지나야 하는 길목을 골라 카메라를 설치해두었다.

내가 카메라를 설치하는 내내 경비대원 두 사람이 동행해주었다. 높이 자란 풀이 초원을 뒤덮고 있어서 풀 속에 숨은 코끼리를 만나기라도 하면 몹시 위험했기 때문이다. 땅을 파내고 카메라 트랩을 설치하는 작업은 몇 시간이 걸렸다. 나는 카메라와 플래시 3개를 방수 케이스 안에 넣고 나무 위나 땅에 깊숙하게 박아놓은 기둥에 단단하게 매달아두었다. 되도록이면 코뿔소가 발로 차거나 코끼리가 코로 떼어낼 수 없는 장소를 골라 설치했다. 그런 다음 피사체의 움직임을 감지해서 신호를 보내는 송신기와 수신기를 전선으로 연결해 나무 이파리로 가려서 보이지 않게 해두었다. 동물이 약간만 움직여도 송신기에서 신호를 보내어 카메라와 플래시가 작동해 사진이 찍히는 방식이었다.

카지랑가 국립공원에서도 호랑이를 직접 목격하기란 쉬운 일이 아니었지만, 호랑이 흔적은 쉽게 찾아볼 수 있었다. 땅에 난 기다란 발톱 자국이나 나무를 긁어놓아 깊게 팬 자국 등을 보기도 했다. 어떤 곳에는 호랑이 체취가 진하게 배어 있었다. 호랑이는 진한 체취를 내뿜어 짝짓기를 할 때 상대방을 유혹하거나, 자신의 존재를 알려 영역을 표시하기도 한다. 냄새를 맡은 다른 침입자는 갑작스럽게 침범하지 못하므로, 불의의 사고가 발생하지 않도록 막아주기도 한다. 호랑이 체취가 진하게 남은 오솔길, 바위, 동굴 혹은 나무 근처에 호랑이가 다시 나타나길 바라면서 원격 카메라를 설치했다. 가끔 호랑이가 똑같은 장소로 되돌아오는 경우도 있었다. 코뿔소가 우리가 탄 지프차를 들이받은 장소에 설치해둔 카메라에는 거대한 수컷 호랑이가 카메라 렌즈를 똑바로 바라보면서 뒷발로 서서 나무를 마구 긁는 모습이 찍혀 있었다.

카메라 트랩을 모두 설치한 뒤, 나는 사파리 여행이라도 하듯이 매일 공원 전체를 돌아다녔다. 빛이 너무 강해서 사진이 잘 찍히지 않는 대낮에는 건전지를 갈고 메모리 카드를 바꿔 끼우는 등 카메라 트랩을 확인하고 망가진 곳을 손보기도 했다. 메모리 카드에 저장된 사진을 내려받을 때면 늘 놀라웠다. 온몸이 축축한 코끼리가 '코끼리사과'를 옮기는 모습이나, 얼굴에 거머리가 달라붙은 호랑이, 왕도마뱀, 암컷을 차지하기 위해 벌인 결투로 얼굴이 피투성이가 된 수컷 코뿔소가 암컷 코뿔소 뒤를 따라가는 모습 등이 고스란히 담겨 있었다. 송신기에 신호가 잡히면 카메라가 작동하면서 한번에 사진이 50장씩 찍힌다. 어미 등에 매달린 새끼 오소리 3마리도 찍혔다. 어린 수컷 호랑이가 키가 큰 풀숲 사이에서 숨을 헐떡이는 모습이 웃고 있는 듯 보이기도 했다.

사진 촬영 작업을 즐겨 하는 장소 중에는 카지랑가 국립공원 안에 있는 바후빌이라는 곳이 있었는데, 드넓은 평원을 가로질러 거대한 강이 흘렀다. 키 작은 풀숲에 수많은 사슴 떼와 코끼리 같은 발굽동물 수백 마리가 몰려든 모습이 세렝게티(탄자니아 서북부의 초원―옮긴이)를 연상시켰다. 바후빌에 가려면 차로 이곳저곳을 한참 지나가야 했다. 습지가 끝나면서 온통 초록색으로 뒤덮인 숲이 나왔다. 단단히 뿌리를 내리고 선 나무마다 덩굴식물이 잔뜩 휘감겨 있었다. 나무를 휘감은 덩굴 중에는 내 허벅지만큼 두꺼운 것도 있었는데, 거대한 뱀이 나무를 휘감은 듯 보이기도 했다. 앞이 보이지 않을 정도로 울창한 숲은 황금빛 풀이 벽처럼 솟은 길이 나올 때까지 계속되었다. 주위 풍경은 아름다웠지만 한순간도 긴장을 늦출 수가 없었다. 길모퉁이를 돌면 어떤 일이 일어날지 전혀 알 수 없었기 때문이다. 가장 큰 문제는 몹시 공격적인 사나운 코뿔소(코뿔소는 영역을 지키려는 성향이 몹시 강한 데다 몸집이 크고 힘이 세서 지프차도 쉽게 뒤집어버릴 수 있다), 코끼리 떼(새끼 보호 본능이 매우 강하다), 그리고 발정기를 맞았는데도 짝을 찾지 못한 수컷 코끼리(1년에 한 번 호르몬이 가장 많이 분비되는 시기다)였다.

　한번은 차를 타고 나갔는데, 코느와르가 모퉁이를 돌더니 갑자기 멈춰 서서 자동차 시동을 껐다. 코느와르가 "바그"라고 속삭였다. '바그'는 아삼 말로 호랑이라는 뜻이었다. 몸집이 큰 수컷 호랑이가 길에서 잠들어 있었다. 호랑이 뒤편으로는 코끼리 28마리가 반짝이는 등나무 잎을 우걱우걱 먹어치우고 있었다. 3번이나 호랑이가 풀밭 안으로 미끄러지듯 들어갔지만, 코끼리 떼는 호랑이의 사냥 목표인 새끼 코끼리를 보호하려고 재빨리 주위를 빙 둘러쌌다. 어미 코끼리가 큰 소리로 울부짖으며 달려들자, 호랑이는 길로 돌아가더니 다시 미적지근한 공격을 시도할 때까지 낮잠을 청했다. 실제로 호랑이를 가까이에서 보기는 난생처음이었다. 호랑이 얼굴에 난 섬세한 무늬, 거대한 발, 금빛을 띤 눈, 윤기 나는 불그스름한 갈색 털과 몸통을 뒤덮은 독특한 줄무늬를 가까이에서 지켜볼 수 있었다. 2시간이 지나자 호랑이는 사냥을 포기했다. 나는 호랑이가 걸어가는 모습을 사진으로 찍었는데, 호랑이의 줄무늬가 완벽하게 주변 환경에 녹아들어 부들과 전혀 구분되지 않았다.

　공원 관리 본부 중 한 곳에서 담당 관리와 이야기를 나누면서, 나는 카지랑가 국립공원 내 호랑이가 기이한 운명의 장난처럼 영국 통치와 인도코뿔소 덕분에 보호받았다는 사실을 알게 되었

인도 카지랑가 국립공원에는 인도코뿔소가 2290마리 정도 서식한다.
1905년 영국 통치 기간 중에 처음 국립공원이 만들어졌을 때에 비하면 엄청난 숫자다.
코뿔소가 늘어나자 호랑이 개체 수도 함께 늘어났다.
원격 카메라에 새벽녘 습지에서 모습을 드러낸 코뿔소의 모습이 찍혔다.

카지랑가 국립공원에는 면적에 비해 서식 중인 코뿔소 수가 매우 많다.
자동차나 코끼리를 타고 순찰에 나선 경비대원을 공격하는 일이 빈번할 만큼 공격성이 아주 높고,
시속 48킬로미터까지 속도를 내며, 몸무게도 3톤 가까이 되어 무척 위협적이다.
경비대원은 코뿔소를 쫓기 위해 총을 쏘아 겁을 준다.

밀렵꾼은 지난 40년 동안 700마리가 넘는 코뿔소를 사냥했다.
코뿔소 뿔은 암시장에 내다 팔면 큰돈이 되는데, 호랑이 부위와 마찬가지로
중국 전통 의약품을 만드는 데 쓰인다. 순찰 중인 공원 경비대와 중무장한 밀렵꾼 사이에
빈번하게 총격전이 벌어지기도 한다.

코뿔소 밀렵꾼 용의자가 카지랑가 국립공원에 있는 바구리 경비대 초소에서
검문을 받기 위해 두 눈을 가리고 있다. 밀렵꾼 용의자는 나중에 풀려났다.
복잡한 사법 체계 탓에 야생동물을 밀렵한 죄로 재판을 받는 경우는 흔치 않다.
1974~2010년에 호랑이 밀렵과 관련한 사건만 885건이었지만,
그중 유죄판결을 받은 경우는 16건, 41명에 불과했다.

다. 영국의 인도 통치가 시작되기 전에는 많은 동물이 목숨을 잃었다. 1826년에 아삼 지방이 영국령 인도로 완전히 흡수되면서, 영국인은 브라마푸트라 계곡을 가장 훌륭한 사냥터로 애용했다. 30년 후, 정부에서 야생동물, 특히 호랑이를 잡아오면 큰 포상금을 주면서 야생동물을 무분별하게 사냥하는 일이 더욱 늘어났다. 몸집이 큰 포유류가 모조리 자취를 감출 수밖에 없는 상황이었다.

영국에서 파견된 인도 총독의 아내인 커즌 여사가 1904년에 인도를 방문했을 때는 살아남은 코뿔소 수가 겨우 수십 마리에 불과했다. 커즌 여사는 총독인 남편에게 코뿔소를 구해달라고 애원했다. 다음 해에 이 지역은 보호림으로 지정되었고, 그 후 10년 동안 사냥이 아예 금지되었다. 1974년, 카지랑가는 아삼 지역에서는 최초로 국립공원이 되었다. 1985년에는 세계문화유산보호지역으로 지정되었고, 지난 40년 동안 약 428제곱킬로미터에서 852제곱킬로미터로 처음보다 2배 넓어졌다.

그러나 이곳에서 호랑이가 번성할 수 있었던 이유는 따로 있다. 호랑이가 잔혹하고 섬뜩할만큼 위험한 동물이라는 것도 한 가지 이유다. 호랑이는 인도에서도 카지랑가 국립공원 외 지역에서는 사냥의 표적이 된다. 그런데 공원 경비대원인 팔라브 데카는 호랑이는 사냥하기가 매우 어렵고 위험한 동물이라고 설명했다. 밀렵꾼 대부분은 올가미를 놓아 호랑이를 사냥한다. 호랑이는 올가미에 잡혀도 요란스럽게 울부짖으며 마구 몸부림치는데, 사냥꾼이 방망이로 때려눕히거나 총을 쏠 수 있을 정도로 가까이 다가가는 데만도 하루가 걸린다. 그 후 가죽을 깨끗하게 벗기고 몸을 갈라 값비싼 장기를 꺼내고 뼈를 발라낸 다음 힘들게 옮긴다고 했다. 그렇지만 카지랑가 국립공원에는 호랑이를 대신할 동물이 있었다. 데카가 말했다. "게으른 밀렵꾼에게는 코뿔소 사냥이 훨씬 쉬운 편입니다." 총 1~2방이면 몇 분 만에 0.9~2.2킬로그램 나가는 코뿔소 뿔을 코뿔소가 도망가기 전에 뽑아서 비닐봉지에 담을 수 있다. 코뿔소 뿔은 암시장에서 금과 똑같은 가격에 거래되며, 호랑이 부위와 같이 중국 전통 의약품을 만드는 데 사용된다. 실험 결과, 해열제로는 그다지 약효가 없는 것으로 밝혀졌지만 실험용 쥐에게 대량 주입했을 때에는 열이 떨어졌다. 그리고도 코뿔소 뿔 수요는 여전히 수그러들지 않아서, 카지랑가에서만 지난 40년 동안 코뿔소 700마리가 줄어들었다. 호랑이를 포함한 야생동물은 인도에서 불법으로 거래되어 네팔이나 티베트 혹은 미얀마를 거쳐서 중국으로 흘러들어간다.

데카가 동료인 경비대 간부인 다라니드하르 보로와 만나게 해주었다. 자신의 사무실에서 보로는 '코뿔소 전쟁'이라고 부르는 사건에 대한 섬뜩한 사진이 담긴 빛바랜 사진첩을 꺼내 보여주었는데, 4×6인치 흑백사진이 잔뜩 들어 있었다.

카지랑가 국립공원 내 밀림은 1980년대부터 1990년대 초까지 코뿔소가 거의 매주 죽어나가는 대량 학살 현장이었다. 이후에 군인처럼 중무장한 562명에 달하는 숲 경비대원과 신속하게 연락을 취할 수 있도록 넓은 지역까지 정보원을 배치하여 조직적인 순찰을 실시한 덕분에 무자비한 야생동물 도살은 많이 줄어들었지만, 2012~2013년에 이르자 다시 그 수가 급등했다. 경비대원은 1985년 이후로 총격전을 벌이면서 90명이 넘는 밀렵꾼을 사살하고 600명을 체포했으며, 국제 밀수 조직에서 흘러든 어마어마한 양의 무기와 탄환, 고성능 장비 등을 압수했다. 압수한 무기 중에는 러시아제 적외선 망원경, AK-47 소총, 여러 가지 공격용 무기 등이 있었다. 경비대원이 밀렵꾼을 상대로 싸우기가 힘들었던 것도 무기 때문이었다. 보로가 말했다. "경비대원은 무기 면에서 밀렵꾼보다 한참 수준이 떨어지죠." 경비대원 대부분이 가진 무기라고는 영국 군인이 카이베르 령을 순찰하면서 사용하던 리엔필드 소총(영국의 엔필드 제작소에서 만든 소총으로, 볼트를 당기면 발사된다—옮긴이) .303을 약간 변형한 구식 .315 사냥용 소총이 전부였다. 최소한 경비대원 12명이 근무 중에 목숨을 잃었다.

보로는 사진을 뒤적이며 최전선에서 21년 동안 경비대원으로 근무하던 추억에 잠겼다. 보로와 동료가 아주 뿌듯한 모습으로 무기 더미 옆에서 포즈를 취하고 찍은 사진도 보였다. 얼굴을 잔뜩 찌푸린 죄수가 '밀렵꾼'이라는 단어와 이름이 적힌 자그마한 칠판을 들고 찍은 사진도 있었다. 죽은 코뿔소와 호랑이, 바닥에 널브러져 있는 죽은 밀렵꾼의 모습이 담긴 사진도 있었다. 밀렵꾼 대부분은 부족 자치권을 요구하며 60년 넘게 투쟁해온 악명 높은 사냥꾼인 나가 족이었다. 야생동물을 죽여 밀거래한 수입의 일부는 잦은 내전을 위한 비용으로 충당되었다.

농장 일꾼이 하루 일과가 끝나고 갓 수확한 찻잎을 옮기고 있다.
카지랑가 국립공원 경계 지역에는 차 밭이나 농장, 마을이 들어서 있다.
호랑이가 국립공원 경계 밖으로 나가서 어슬렁거리기라도 하면 문제가 발생한다.
인근 농장에서 기르는 가축을 잡아먹은 호랑이가
농장에서 사용한 농약에 중독되어 죽는 일이 자주 발생한다.

지역 주민이 농작물 밭에 들어온 코끼리 떼를 쫓고 있다.
카지랑가 국립공원과 근처 고산 지역을 이어주던 울창한 숲길이 없어지면서
코끼리 떼는 물론 코뿔소를 비롯한 야생동물과 어린 호랑이가 제 영역을 넓히기 위해
공원 밖으로 나가는 일은 몹시 위험해졌다.

고산대머리수리가 새끼를 낳다가 호랑이에게 잡아먹힌 암컷 코뿔소를 뜯어먹고 있다. 공원 경비대원은 암컷 코뿔소의 뿔을 제거했다. 밀렵꾼이 중국 전통 의약품에 쓰이는 뿔을 암시장에 내다 팔기 위해 잘라 가는 것을 막기 위해서다.

호랑이는 가끔 썩어가는 동물 사체를 먹기도 한다.
밀렵꾼 손에 죽은 사진 속 코뿔소는 어미 호랑이와 태어난 지 2달 된 새끼 호랑이 2마리,
그리고 같은 장소에서 사진에 찍힌 수컷 호랑이의 먹이가 되었다.
근처에 설치된 카메라 트랩 2대에 32분 동안 사진 속 호랑이가 428장이나 찍혀 있었다.

현장 이야기 | 피로즈 아메드
인도 아삼 지역 호랑이 조사관이자 환경보호활동가

피로즈 아메드가 인도 동북부 아삼 주에서 양서류에 대해 연구하는 동안, 인근에서 서식 중인 호랑이는 죽어가고 있었다. 약 77제곱킬로미터밖에 안 되는 좁은 오랑 국립공원에서 호랑이가 죽음과 사투를 벌이고 있었던 것이다. 호랑이가 공원 밖으로 젖소를 잡아먹으러 나갔다가, 지역 주민이 놓아둔 독을 먹고 죽는 일도 종종 발생했다. 지역 야생동물 보호 단체인 아란야크의 수석 야생동물 생물학자로 근무하던 아메드는 동료에게 물었다. "왜 호랑이를 살리도록 조치할 수 없나요?"

당시만 해도 아삼 지역에 서식 중인 호랑이 개체 수는 물론 이동 경로나 먹이 섭취량에 대해 아는 사람은 아무도 없었다. 호랑이를 효과적으로 보호하기 위해서는 과학적인 조사가 뒷받침되어야 했다. 그래서 우기가 끝난 뒤 아메드는 카지랑가 국립공원 근처를 직접 답사했다. 아메드는 넓은 지역에 카메라 트랩을 설치해서 호랑이와 먹잇감이 되는 동물을 조사하고 기록할 계획이었다. 광대한 브라마푸트라 강 언저리에 생성된 비옥한 범람원은 동식물이 무척 풍부한 곳이었다.

2009년, 아메드와 함께 일하던 팀은 플래시와 행동 감지기가 달린 카메라 100대를 가지랑가 국립공원 전역에 설치했고, 강 건너 서쪽에 위치한 오랑 국립공원에도 70여 대를 설치했다. 아메드와 팀원은 카메라 2대씩 짝을 지어 어떤 호랑이든 몸 양쪽을 모두 찍을 수 있게 해두었다. 호랑이 몸에 난 무늬는 인간의 지문만큼이나 독특하기 때문에 좀더 정확하게 개체 수를 판단하게 해주었다. 그리고 카메라 장비를 13킬로그램이 넘는 단단한 금속 박스에 넣어 코끼리나 코뿔소가 나타나 쿵쿵거리며 걸어다녀도 되게 해두고 매일 카메라 상태를 확인했다. 또 호랑이의 배설물과 영역을 표시하는 발톱 자국, 다른 흔적도 모조리 수집했다.

아메드와 동료는 이렇게 해서 호랑이와 먹잇감이 되는 동물 사진 수십만 장을 입력하여 방대한 자료를 수집했는데, 호랑이에 대한 자료로는 가장 많았다. 아메드와 동료는 수집한 사진과 자료를 분석해서 놀라운 결과를 얻을 수 있었다. 카지랑가에 100여 마리의 호랑이가 살고 있었던 것이다. 브라마푸트라 강과 카르비 앵글롱 언덕 사이에 끼인 좁은 지역이라는 점을 고려하면 엄청나게 많은 수였다. 인도 전역에 서식하고 있는 호랑이에 비해 개체 수가 가장 많을 뿐만 아니라 단위 면적당 밀도도 약 97제곱킬로미터당 28마리꼴로 가장 높다. "우리도 한곳에 호랑이가 그렇게 많이 살고 있을 줄은 몰랐습니다." 아메드가 말했다. 이곳에서는 빽빽한 풀숲에 몸을 숨길 수 있어서 호랑이끼리 마주치지 않고도 아주 가까운 곳에서 함께 살 수 있다. 또 초식동물에게는 천국과도 같은 습지가 넓게 퍼져 있어서 초식동물이 풍부한 덕분에 호랑이가 개체 수를 늘려갈 수 있었다. 그리고 군대식으로 중무장한 경비대원이 카지랑가 국립공원 전역을 순찰하며 주로 코뿔소를 노리는 밀렵꾼을 잡아내는 것도 호랑이 개체 수가 증가하는 데 도움이 되었다.

아메드는 카메라 트랩을 설치해서 아삼 지역 내에 있는 다른 공원으로 연구 범위를 점차 넓히고 있다. 서쪽에 있는 오랑과 마나스 국립공원과 미얀마 국경 근처인 남다파 국립공원까지 조사할 계획이다. 최종 목표는 드넓은 곳에서만 살 수 있는 최상위 포식자인 호랑이가 늘어나는 인간에 치여 외딴 숲에 갇힌 상황을 해결하는 것이다. 이 목표를 달성하기 위해 아란야크에서는 강변을 따라 호랑이 보호구역을 설치할 것을 제안했다. 야생동물 보호구역과 섬, 브라마푸트라 강을 따라 조성된 카지랑가 국립공원과 오랑 국립공원 사이 보호림이 한데 이어져서 호랑이가 이동할 수 있는 공간을 만들어줄 것이다.

　관심이 필요한 곳은 남쪽에도 있다. 카르비 앵글롱 언덕은 고지대로, 카지랑가 국립공원에 서식하는 동물이 장마철에 강물이 넘쳐 홍수가 나면 지내는 장소다. 아메드는 산림부와 카르비 구 대표, 인근 지역 부족민과 여러 차례 회의를 열어서, 주민이 단체를 만들어 보호구역을 순찰하고 돈을 벌 수

사진 | 클린턴 브라운

있는 방법에 대해 의논했다. 그러나 사냥으로 생계를 잇는 주민의 반발이 쏟아지면서 논란이 이어졌다. 논란을 잠재우는 데만 여러 해가 걸렸다. 아메드는 이렇게 말한다. "그렇지만 숲을 해치는 일을 당장 그만두어야 합니다. 그리고 이 지역을 보호하는 데 노력을 기울여야 합니다."

국립공원 본부 앞에 죽은 밀렵꾼 시신을 조심스레 늘어놓은 모습을 찍은 사진도 여러 장 있었다. 다른 밀렵꾼에게 보내는 경고였다. 보로가 말했다. "상황을 이해해주세요. 우리는 전쟁 중이었어요. 우리가 총을 쏘지 않았다면 저들이 우리에게 총을 쏘았을 테니까요." 아삼 주에서는 카지랑가 국립공원 경비대원에게 즉시 발포 권한을 승인했는데, 그런 곳은 인도 내 야생동물 보호구역 중 절반밖에 되지 않는다.

나는 카지랑가 국립공원에서 5달 동안 작업하면서 공원 경비대원을 매일같이 만났다. 경비대원과 함께 식사하고, 순찰을 돌고, 경비대원이 요리나 빨래를 하는 모습이나 순찰을 돌 때 타고 다니는 코끼리를 돌보는 모습을 지켜보기도 했다. 경비대원이 생활하는 모습을 모두 기록으로 남기면서 경비대원의 생활이 얼마나 고된지 알게 되었다. 근무 중일 때는 몇 달 동안 가족과 떨어져 지내야 하는데, 153일간 근무하며 혼자 지내기도 했다. 그들은 나무나 대나무로 뼈대를 엮어서 물결 모양의 함석 지붕을 덮은 원시적인 밀렵 감시 캠프에서 살았다. 집은 3.6미터 높이의 시멘트 기둥 위에 지었는데, 야생동물의 공격과 우기에 일어나는 홍수를 피하기 위해서였다. 그리고 창문은 가리개도 없이 뻥 뚫려 있었다. 대충 만든 침대에는 모기장이 쳐 있고, 대나무로 만든 깔개를 깔았다. 수도 시설도 없고, 모닥불을 피워 음식을 만들었다. 전기라고는 태양열 전지판 1장으로 발전시키는 것뿐인데, 근무 시 사용하는 무전기를 충전하는 용도로만 사용했다.

경비대원은 5시에 일어나 새벽 순찰을 돌고, 수 킬로미터를 대부분 걸어서 숲 속을 이동하면서 밤 10시가 되어서야 숙소로 돌아온다. 경비대원이 야생동물에게 잡혀 불구가 되거나 목숨을 잃는 일도 빈번하게 일어난다. 야생동물을 밀렵꾼으로부터 보호하고 밀림의 평화를 지키는 업무를 수행하는 경비대원이 기꺼이 목숨을 바쳐 보호하는 야생동물에게 피해를 입는 셈이다.

월급은 박하고, 장비도 턱없이 부족한 형편이다. 낡아빠진 유니폼에다가, 불꽃만 일 뿐 불발되기 일쑤인 70년 된 소총에, 신발도 형편없다. 이런 상황에서도 경비대원은 봉사에 가까운 업무를 계속하고 있다. 보로가 설명한다. "여기 사는 동물은 가족이나 마찬가지입니다. 아이들을 보호한다는 생각으로 사냥꾼으로부터 야생동물을 보호합니다." 경비대원 대부분은 근무 중 목숨을 잃을 각오로 근무한다고 보로가 덧붙였다. 12명가량이 이미 목숨을 잃었다.

지난 100년 동안 보호해온 덕분에 카지랑가 국립공원 내에 서식하는 코뿔소는 보존에 성공했다고 할 수 있다. 마지막으로 점검했을 때 개체 수는 2290마리로, 지구상에 존재하는 코뿔소 개체 수의 4분의 3에 달한다. 무장한 경비대원의 보호를 받으면서, 호랑이와 그 먹잇감이 되는 다른 동물도 함께 번성할 수 있었다.

2006년에 카지랑가가 인도에서 32번째 호랑이 보호구역으로 지정되면서, 미국이 지원한 연방 기금 100만 달러를 비롯하여 엄청난 자금을 쏟아 부었다. 당시 투입한 막대한 자금이 이제야 눈에 보이는 결과로 나타나고 있다. 경비대원은 곧 자동 신무기를 갖추고 강력한 '전자 눈'을 갖춘 카메라, 국립공원 안으로 들어가는 사람의 움직임을 쫓을 수 있는 무인 정찰기를 사용할 수 있다. 보호구역 내에는 누구든 한 발자국도 들여놓을 수 없다. 발을 들여놓았다가는 목숨을 잃을지도 모를 일이다.

100년 전만 해도 이곳이 대부분 개간되지 않은 숲이었고, 말라리아가 유행하는 낙후 지역이었으며, 식민지 회사에서 데려온 노동자와 15개 토착 부족만이 살았다는 사실을 믿기가 어렵다. 현재는 아삼 지역 대부분이 논과 밭, 대규모 차 밭(전 세계에서 가장 품질이 가장 우수한 차 생산지다), 채석장, 유전, 주민 거주지 등으로 가득 차 있기 때문이다.

카지랑가 국립공원은 동쪽, 서쪽, 남쪽에서 인근 지역의 인구가 잠식해 들어오며 압박을 받고 있다. 아삼 지방 환경보호활동가 만주 바루아는 1991년에는 카지랑가 국립공원 인근 인구가 4만 5000명이었는데 현재는 마을이 200여 개로 늘어 10배가 넘는 인구가 산다고 말한다. 경제활동이 활발한 타 지역에 비해 여전히 경제적으로 침체되어 있는 구석진 곳인데도 경작할 만한 조그만 땅이라도 있으면 농사를 지으려고 몰려든 사람들은 대부분 방글라데시에서 건너온 이민자다. 그들이 사는 집은 대나무를 엮어 만든 엉성한 오두막으로, 창문도 없고 수돗물도 나오지 않았다. 게다가 주민 대부분이 자식을 제대로 먹이지도 못했다. 1947년에 인도가 영국으로부터 독립할 당시만 해도 아삼 지방은 부유한 지역에 속했지만, 현재는 인도에서 가장 가난한 지역 중 한 곳이다. 지역 주민은 대량 실업 상태에 있고, 매년 변화하는 기후 탓에 홍수는 점점 더 심해지며, 질 나쁜 분리주의자가 주기적으로 테러 공격을 일삼으면서 반란을 거듭하는 바람에 군과 경찰 간에 마찰이 끊이질 않고 있다.

정착민이 계속 늘어나면서 인간과 야생동물 사이에 완충 지역이던 곳까지 인간이 침범하고 있다. 호랑이가 인간을 만나게 되면 양쪽 모두 피해를 입을 수밖에 없다. 호랑이가 국립공원 경계선 밖으로 한 발자국만 벗어나도 논밭이나 목초지, 심지어 마을 한복판이다. 민가에서 기르는 가축은 늙거나 쇠약한 호랑이, 새끼를 키우는 어미 호랑이가 쉽게 사냥할 수 있는 좋은 먹잇감이다. 소, 염소, 물소가 말 그대로 호랑이 코앞에서 한가롭게 풀을 뜯고 있는 상황이다. 호랑이가 가축을 사냥하면 일가족이 매우 큰 피해를 입는다. 가축에게서 얻는 우유는 먹기도 하고 내다 팔면 수입이 되기 때문이다. 카지랑가 국립공원의 호랑이가 1년 동안 많게는 젖소 150마리를 잡아먹은 적도 있었다. 먹잇감이 적은 다른 보호구역에 비하면 아주 적은 숫자이긴 하다. 정부에서 호랑이에게 목숨을 잃은 젖소 1마리당 45달러를 보상해주지만, 시장 가격은 그 3배에 달한다. 마을 주민이 보상을 거절할 수도 있다. 그래서 가축을 공격한 호랑이를 독살하는 방식으로 죽이는 주민도 있다.

　나는 카지랑가 국립공원에 도착한 직후에 야생동물 재활 및 보호를 위한 비영리단체에서 보호 중인 어미를 잃은 호랑이 새끼를 보러 방문했다. 내가 가까이 다가가자, 울타리를 쳐놓은 우리 안에서 수의사 안잔 탈루크다르 옆에 붙어선 7개월 된 수컷 호랑이가 쉭쉭 소리를 내며 으르렁댔다. 수의사에게 들은 이야기로는, 근처 하티쿨리 차 밭에서 일하던 노동자가 차나무 덤불 아래에서 무엇인가가 움직이기에 봤더니 수컷 새끼 호랑이가 죽은 암컷 새끼 옆에서 경련하며 몸부림치고 있었다고 했다. 근처에는 반쯤 먹어치운 물소가 있었고, 이틀 전에 이미 목숨을 잃은 듯한 어미 호랑이도 있었다고 했다. (새끼 호랑이를 발견한 남자가 일하던) 차 밭 주인이 야생동물에게 앙갚음을 하려고 밭에 놓아둔 독약을 먹고 물소가 죽었고, 먹이를 구하러 온 호랑이 가족이 물소를 먹은 것이었다. 암컷 새끼 호랑이는 이미 숨진 뒤였다. 숨이 남아 있던 새끼는 치료하기 위해 데리고 왔다. 수의사 안잔은 인도 법에 따르면 새끼 호랑이가 다시 야생으로 돌아가는 일을 금지

한다고 했다. 안잔은 아삼 지역 동물원 우리에 갇힌 야생동물을 위해 일생을 바치고 있다.

안잔이 맡은 일은 대부분 야생동물과 인간 사이에 발생하는 마찰을 해결하는 일이다. 그는 길을 잃고 헤매는 야생동물을 구조한다. 그러나 호랑이가 가축을 사냥하려고 보호구역을 벗어나는 일은 좀처럼 일어나지 않는다. 보호구역 내에도 먹이가 풍부하기 때문이다. 해결 과제는 공간이다. 카지랑가 국립공원은 좁은 데다 얇고 긴 띠 모양을 하고 있으며, 호랑이가 보통보다 더 좁은 곳에서 복작거리며 살고 있다. 게다가 호랑이는 영역 다툼이 몹시 심한 동물이어서 다툼 중에 목숨을 잃는 경우가 많다. 카지랑가 국립공원은 호랑이로 포화 상태다. 20마리가 넘는 암컷 호랑이가 2년에 1번씩 새끼를 여러 마리 낳기 때문에 젊은 호랑이도 제 영역이 필요하다. 안잔은 카지랑가 국립공원 내 호랑이가 남쪽으로 이동해서 인접한 카르비 앵글롱 언덕으로 서식지를 옮기고 있다고 주장했다. 호랑이는 브라마푸트라 강 인근 섬에서 사냥하면서 북쪽으로 이동해 강을 건너고, 아삼 주 경계를 넘어 아루나찰 프라데시 주 밀림으로 옮겨 가고 있었다. 안잔은 내게 아란야크에서 야생동물 생물학자로 일하는 피로즈 아메드와 함께 젊은 호랑이가 이동하는 경로를 연구해야 한다고 말했다.

피로즈에 따르면, 호랑이는 브라마푸트라 강 유역 섬 서쪽으로 이어진 길을 따라 오랑 국립공원과 마나스 국립공원을 지나 부탄 국경을 넘어 인근 보호구역까지 이동한다. 나는 앨런 라비노비츠 박사에게 전화를 걸어 이 이야기를 전했다. 후콩 계곡 야생동물 보호구역에서 함께 작업한 이후, 앨런 박사는 2006년에 사업가 톰 캐플런이 뉴욕에 설립한 전 세계에서 가장 큰 규모의 야

카메라 트랩에 아시아코끼리가 '코끼리사과'를 먹는 모습이 찍혔다.
비옥한 브라마푸트라 강 범람원은 초식동물에게는 천국과 같은 곳으로, 인도에 몇 남지 않은
큰 코끼리 떼에게 완벽한 서식지다. 그러나 우기에는 대홍수가 일어나기 때문에
동물은 높은 지대로 모두 피해야 한다.

한 마을 주민이 인도에서 성스럽게 여기는 코끼리에게 기도를 바치고 있다.
반은 인간, 반은 코끼리의 모습을 한 가네샤Ganesha는 힌두교의 신 중에서도 가장 널리 추앙받는다.
사진 속 코끼리는 카지랑가 국립공원 근처에 있는 논을 마구 돌아다니다가
염산을 묻힌 총알에 맞았는데, 결국 패혈증으로 죽었다.

생 호랑이 보호기구인 판테라 사 본부에서 최고경영자로 일하게 되었다. 뛰어난 호랑이 전문가 여러 명과 함께 한 회의에서 앨런 박사와 마이클 클라인(판테라 사의 설립 이사이기도 하다)은 호랑이의 멸종 위기 상황을 해결할 새로운 계획을 내놓았다. 내가 이 임무를 맡고 아삼으로 오기 얼마 전에, 앨런 박사는 '호랑이여 영원하라' 사업에 대해 상세히 알려주었다. 새로운 계획의 목표는 호랑이 보호구역을 넓히는 것이었다. 그러려면 정부 산하 기관과 다른 단체와 협력해서 호랑이와 먹잇감이 되는 야생동물을 보호할 수 있는 강력한 정책을 세워 개체 수를 관리해야 했다. 앨런 박사가 미얀마에서 이루어낸 작업은 호랑이를 보호하려면 반드시 넓은 보호구역을 지정해야 한다는 사실을 사람들에게 알리는 데 많은 도움이 되었다. 통화 중에 나는 앨런 박사에게 카지랑가 국립공원이 판테라 사가 세운 계획의 중요한 번식 '근원지'가 될 수 있다고 말했다. 앨런 박사는 내 이야기를 듣고 나만큼이나 들떠서 함께 카지랑가 국립공원으로 돌아가기로 뜻을 모았다.

문제는 카지랑가 국립공원에 서식 중인 호랑이가 더는 보호받지 못하고 다른 장소로 떠나간다는 사실이다. 야생동물 범죄 전문가인 벌린다 라이트는 호랑이가 보호구역을 벗어나 길을 잃으면 밀렵꾼에게 목숨을 잃는 경우가 많다고 말한다. 이렇게 죽는 호랑이 수는 파악할 수도 없고 보고되지도 않는 경우가 대부분인데, 점점 늘고 있다는 것이다. 카지랑가 국립공원 총책임자인 부라고 하인은 점점 줄어드는 서식지 탓에 인간과 호랑이 사이에 충돌이 계속 늘어난다고 말한다.

카지랑가 국립공원 내 야생동물은 자발적으로 보호구역을 떠나지는 않는다. 우기에 발생하는 홍수는 아삼 지방에서는 삶의 한 부분일 정도로 일상적이었다. 그런데 숲이 줄어들고 기후 변화

카지랑가 국립공원은 코끼리 1300마리가 서식하고 있는 안전지대로,
인도 전역에서 몇 되지 않는 야생동물 보호구역이다. 코끼리 떼는 해마다 일정한 시기가 되면
부족한 먹이와 홍수 때문에 인근 지역인 카르비 앵글롱 언덕으로 자리를 옮긴다.
그러나 주민 거주지가 늘어나는 바람에 코끼리 떼가 이동하는 것도 점점 힘들어지고 있다.

가 심각해지면서 홍수는 예전과 다른 양상을 띠게 되었다. 여름철 우기 때 쏟아지는 강수량은 2032밀리미터가 넘는다. 브라마푸트라 강과 지류에서 물이 넘치면 코뿔소, 코끼리, 호랑이를 비롯한 야생동물은 물을 피해 높은 지대로 옮겨 갈 수밖에 없다. 야생동물은 도중에 물 위로 삐죽하게 솟은 작은 언덕에 갇혀 꼼짝 못하며, 더러 죽기도 한다. 주요 동서 고속도로를 건너가다 차에 깔려 죽는 경우도 있다. 그리고 마을 주민이나 밀렵꾼의 손에 죽임을 당하기도 한다. 우기에 홍수가 발생하면 정부에서도 법 집행이 불가능해지므로 보호구역 내 야생동물이라도 몹시 위험한 상태가 된다.

이 지역은 연중 홍수의 영향으로 지형 변화가 심하다. 강물의 침식 작용으로 넓은 초원이 사라지기도 하고, 면적이 넓어진 호수마다 물이 바짝 말라붙거나 강 지류 중에는 물이 흐르는 방향이 바뀐 곳도 있으며, 초원 지대가 숲으로 변하기도 했다. 내가 2008년 1월에 카지랑가 국립공원을 두 번째로 방문했을 때는 건기여서 몹시 덥고 건조했다. 나는 경비대원이 키 큰 풀밭 군데군데 불을 놓는 모습을 지켜보았다. 웃자란 잡초를 미리 태우고 숲을 손질하기 위해 놓은 불이 활활 타올랐다. 며칠 지나지 않아 초식동물에게 신선한 샐러드를 제공할 맛있는 새순이 금세 돋아날 것이다.

호랑이가 장기적으로 생존하기 위해서는 새끼를 낳고 키우기에 적당한 다른 지역으로 안전하게 이동할 수 있도록 해주어야 한다. 어려운 과제이지만, 카지랑가 국립공원이 외딴 섬이 되는 것을 막고 다른 지역의 숲과 가능한 한 많이 이어지도록 해야 한다. 현재는 '서식지 다리'라는 작은 통로 5개가 놓여서 카지랑가 국립공원과 카르비 앵글롱 지역을 잇고 있으며, 인도 당국에서도 카지랑가 국립공원 남쪽 경계선을 카르비 앵글롱 언덕까지 서서히 늘려가고 있다. 결국 최근에 정착한 수많은 인근 주민은 정부의 보상금을 받고 학교나 의료 서비스를 더 쉽게 받을 수 있는 곳으로 이주해야 한다는 뜻이기도 하다. 2011년에 최초로 퇴거 명령이 내려졌지만 인근 지역 주민의 저항은 계속되고 있다.

2010년 4월, 나는 앨런 박사와 함께 카지랑가 국립공원을 둘러보았다. 조사할 수 있는 지역이 제한되어 있었는데, 우기가 2달 일찍 시작되어 공원 대부분이 물에 잠겨 있었기 때문이었다. 우리는 지역 전문가를 만나 이야기를 나누고, 주도인 구와하티에서 피로즈와 아란야크 직원도 만났다. 그들이 만든 지도를 자세히 살펴보자, 호랑이가 동북쪽으로 이동하는 모습을 분명히 볼 수 있었다. 앨런 박사는 크게 감명받았다. 피로즈는 아란야크와 판테라 사 양측이 아삼 지역 호랑이를 구해낼 방법을 함께 마련하는 데 동의하는 제안서를 작성했다. 판테라 사에서 지난 2년 동안 카메라 트랩 250대를 제공한 덕분에, 마나스 국립공원과 카지랑가 국립공원에 서식하고 있는 호랑이를 관찰할 수 있었다.

카지랑가 국립공원 호랑이

내가 카지랑가 국립공원을 처음 찾았을 때는 우기가 끝날 무렵이었다. 인접한 브라마푸트라 강에서 넘쳐흐른 물이 가득 차서 공원은 문을 닫은 상태였다. 나는 호랑이의 자연스러운 모습을 찍기 위해서, 물이 찬 저지대를 피하려면 반드시 지나야 하는 몇 안 되는 고지대 오솔길에 원격 카메라를 설치해두었다. 물이 빠진 후에는 지붕이 없는 지프차나 코끼리를 타고 이동하면서 호랑이가 새끼 코끼리를 사냥하는 모습이나 키가 큰 풀숲 사이를 소리 없이 이동하는 모습을 찍기도 했다.

 풀이 무성한 카지랑가 국립공원 내 습지에는 수많은 야생동물이 살고 있다. 멧돼지와 아시아물소, 새끼 아시아코끼리와 인도외뿔코뿔소 그리고 사슴 3종류와 다양한 호랑이의 먹잇감에게 완벽한 서식지가 되어주기 때문이다. 호랑이의 사냥 성공률은 10퍼센트 정도로 꽤 낮은 편이다. 그래서 호랑이 먹잇감 수가 많아야 새끼에게 먹이를 충분히 먹일 수 있다. 그리고 카지랑가 국립공원은 원래 호랑이가 아니라 멸종 위기에 처한 코뿔소를 위해 조성된 곳이어서, 코뿔소는 밀렵꾼의 주요 목표물이기도 하다. 중무장한 경비대원이 강력한 보호 정책을 펼쳐서 코뿔소 개체 수가 늘어난 덕분에 카지랑가 국립공원 내 호랑이 개체 수는 인도 내 그 어느 곳보다 더 높다.

벵골호랑이가 키 큰 풀숲 사이에 몸을 숨긴 채
새끼 아시아코끼리를 뒤쫓고 있다. 호랑이가 사
냥에 나설 때마다 코끼리 떼가 새끼 코끼리를
빙 둘러싸고 보호하는 바람에 번번이 사냥에
실패해 굶주리고 있다.

잠을 자던 호랑이가 코끼리를 타고 순찰 중이던 공원 경비대원을 발견하고 깜짝 놀랐다. 호랑이는 으르렁거리더니 벌떡 일어나 키 큰 풀숲 사이로 유유히 사라졌다.

원격 카메라가 설치되어 있는 4.5미터나 되는 나무에 훌쩍 뛰어오르며
나무껍질에 영역 표시를 하는 호랑이의 모습이 찍혔다.

호랑이는 영역 표시를 하거나 짝을 찾을 때, 그리고 자신의 존재를 알려 갑자기 나타난 침입자와
치명적인 싸움을 피하기 위해 나무를 긁어 흠집을 내고 배설물을 흩뿌리거나 긁고
문질러서 표시하고, 바닥에 뒹굴거나 포효하기도 한다.

우기가 끝날 무렵 사냥에 나선 수컷 호랑이의 모습이 카메라 트랩에 찍혔다. 해마다 우기 동안에는 홍수가 발생하므로 동물의 이동이 제한되어 물에 잠기지 않은 고지대와 이어지는 몇 안 되는 통로를 통해서만 이동할 수 있다. 진흙 발자국을 따라가며 호랑이가 이동한 길을 찾아 원격 카메라를 설치할 수 있었다.

호랑이가 부들 사이로 살그머니 움직이고 있다. 거의 눈에 띄시 않는다. 호랑이는 몸에 난 줄무 늬 덕분에 주위 환경과 잘 구분되지 않아서 먹 잇감에게 들키지 않고 접근할 수 있다.

카메라 트랩에 부들 수풀 속에 있는 어린 수컷 호랑이의 모습이 찍혔다. 카메라와 플래시 불빛이 반짝이는 동안, 수컷 호랑이는 좌우를 살피며 천천히 뒷걸음질쳐서 갈대밭 속으로 몸을 숨겼다. 이 사진을 찍는 데만 1달이 걸렸다.

내가 처음 카지랑가 국립공원 내에 카메라 트랩을 설치하겠다고 하자, 공원 책임자는 허락하지 않았다. 현장에서 카메라 장비를 직접 설치하느라 몇 시간 동안 작업하는 일이 너무 위험하다는 이유에서였다. 여러 차례 공원 책임자를 설득한 끝에, 공원 전역에 카메라 14대를 설치할 수 있었다. 주로 야생동물이 지나간 흔적이 많은 오솔길이나 진흙 위에 동물 발자국이나 발굽 자국이 선명하게 난 곳에 카메라를 설치했다. 그렇지만 사진에 보이는 풀밭에 카메라를 설치하기 위해 별도로 공원 책임자에게 승인을 받아야 했다. 그리고 4명의 무장한 경비대원에게 보호를 받으면서 카메라를 설치했다.

수마트라호랑이
이야기

호랑이가 카메라 트랩을 빤히 쳐다본다.
인도네시아 수마트라 섬 북쪽 숲에서 한밤중에
사냥에 나섰다가 카메라에 찍혔다.

2009년 7월, 나는 『내셔널지오그래픽』 지에 실을 위기에 처한 호랑이에 대한 기사를 취재하려고 수마트라 섬으로 떠났다. 비행기에서 내리기도 전에 호랑이에게 닥친 큰 문제 한 가지를 확실하게 알 수 있었다. 내가 탄 비행기는 자카르타에서 출발해 수마트라 섬 북부의 메단으로 향했다. 인도차이나반도 본토에서 남쪽 끄트머리, 적도를 따라 펼쳐진 거대한 화산섬인 수마트라 섬이 내려다보였다. 화산을 빽빽하게 뒤덮은 원시 열대우림이 수마트라 섬 전체 길이와 맞먹을 정도로 길게 뻗은 산줄기를 가득 메우고 있었다. 그러나 저지대 쪽은 논밭과 대규모 농장뿐이었다. 나는 조심성이 많아서 사람 눈에는 잘 띄지 않는 수마트라호랑이를 수마트라 섬처럼 인간이 점령한 영역에서는 발견하기가 쉽지 않으리라는 것을 깨달았다. 호랑이가 살기에 최적의 조건을 갖춘 장소에서도 호랑이는 모습을 잘 드러내지 않는다. 실제로 호랑이 사진이나 영상 자료는 대부분 포획 상태에서 찍은 것이기도 하다. 나는 야생 속 호랑이의 모습을 찍어야 했다.

수마트라 섬은 6000~1만2000년 전 홍적세에서 충적세로 넘어가던 시기에 해수면이 높아지면서 아시아 대륙 본토에서 분리되었다. 섬으로 고립되면서 생겨난 변종인 수마트라호랑이Panthera tigris sumatrae는 호랑이 중에 가장 몸집이 작다. 다른 호랑이와 뚜렷하게 구분되는 차이점은 갈기가 희고 털은 좀더 짙은 적갈색에 검은색 줄이 훨씬 두껍다는 점이다. 수마트라호랑이에게서만 나타나는 독특한 유전적 특징 탓에 다른 호랑이와 동일한 종으로 분류할 수 있는지 논란이 끊이질 않고 있다. 그러나 현재로서는 인도네시아 본토에 분포하는 종과 동일한 호랑이로 보고 있다.

수마트라호랑이는 인도네시아 지역에 서식하던 호랑이 3종류 중 마지막으로 남은 종이기도 하다. 자바호랑이와 발리호랑이는 이미 멸종해서 동물원에서도 볼 수 없다. 수마트라호랑이의 미래도 무척 어둡다. 무자비한 밀렵 행위에 위협받고 호랑이 서식지인 숲이 끊임없이 줄어들면서 수마트라호랑이의 생존을 위협하고 있기 때문이다. 세계자연보전연맹IUCN에서는 1996년에 이미 수마트라호랑이를 멸종 위기생물로 지정했고, 야생에서 멸종 직전 단계에 처해 개체 수가 감소하고 있다고 밝혔다.

수마트라호랑이 수가 어느 정도였는지 정확하게 아는 사람은 아무도 없다. 20세기 초, 네덜란드에서 인도네시아로 건너온 식민지 개척자는 무척 많은 수마트라호랑이가 아주 대담하게 농장에 들어가 밭을 망가트린다는 이유로 '재앙'이라고 부르기도 했다. 남은 수가 얼마나 되는지도 정확하지 않다. 현재 집계 수치는 1994년 수마트라 섬 지역에서 이루어진 현장 조사 때 파악한 것이다. 당시에는 조사 자료가 아주 부족했고, 인도네시아 정부에서도 호랑이 보호 정책에 미처 신경을 쓰지 못하던 시기였다. 여러 비정부기구에서 나온 사람들이 지도를 두고 빙 둘러앉아 수마트라 섬 어느 곳에 호랑이가 얼마나 많이 살고 있는지 의견을 모았다. 이들은 비슷한 생태계 조건을 갖춘 곳에 서식 중인 호랑이 개체 평균치를 바탕으로 400~500마리 정도가 살고 있을 것으로 추정했다. 그 후로 어림짐작한 호랑이 수는 복음이 전파되듯 생물학자와 정부, 비정부기구, 방송을 통해 퍼져나갔다. "실제로 수마트라 섬에 남은 호랑이 개체 수는 정확히 모릅니다." 판테라 사에서 추진 중인 '호랑이여 영원하라' 사업 총책임자인 조지프 스미스의 말이다.

호랑이의 서식지를 파악하기 위해, 2007년 인도네시아 산림부와 환경보호 단체 9곳이 협력하여 수마트라 섬 전체를 조사하는 작업을 시작했다. 이제껏 실시한 조사 작업 중 가장 폭넓게 이루어질 예정이었다. 조사원은 수마트라 섬을 수컷 호랑이의 행동 범위 넓이에 따라 4구역으로 나누었다. 그런 다음 호랑이 흔적을 따라가며 호랑이가 있는 지역과 없는 지역을 지도에 표시했다. 수마트라 섬 해수면과 같은 높이에 토탄(땅에 묻힌 시간이 오래되지 않아 완전히 탄화하지 못한 석탄—옮긴이)이 묻힌 늪지대 밀림, 3800미터 높이의 케린치 산 고산 지대, 멀리 북으로 길게 뻗은 드넓은 밀림 지역까지 모두 조사했다.

조사 결과에 팀원 모두 놀랐다. 당초 예상보다 호랑이가 훨씬 많았고, 전혀 생각지도 않은 장소에서도 살고 있었던 것이다. 스미스는 "조사 결과를 보자 희망이 생겼습니다"라고 말했다. 조사 결과를 바탕으로 보호가 시급한 서식지를 정확하게 파악할 수 있었다. 전 세계적으로 알려진 호랑이 번식지 42군데 중 8군데가 수마트라 섬에 있었다. 최근까지 밀림에서 벌목 작업이 진행된 곳에서는 호랑이의 흔적조차 찾을 수 없었다. 인도네시아 남부 리아우 주는 숲의 나무를 몽땅 베어내고 대규모 농장을 건설했을 때 발생하는 문제에 대해 경종을 울려주는 본보기다.

수마트라호랑이 개체 수 조사 작업은 그동안 긴밀한 협력이 아쉬웠던 여러 단체에 협동 정신을 고무시키는 계기가 되었다. 수많은 인재가 수마트라 섬 전역에서 열심히 일했지만 전혀 협조가 이루어지지 않았다는 점은 호랑이 보호 사업에서 가장 큰 문제이기도 했다. 앨런 라비노비츠 박사가 늘 강조한 대로, 호랑이 보호 사업은 혼자서는 절대 할 수 없다. 호랑이는 살 곳과 먹이가 없으면 목숨을 잃을 수밖에 없으므로, 호랑이의 생존에 위협이 되는 요소를 모조리 밝혀야 한다. 그렇지 않으면 호랑이는 사라지고 말 것이다.

그렇다면 수마트라 섬에 서식 중인 호랑이 개체 수는 얼마나 될까? 수마트라호랑이는 섬 전체에 길게 뻗은 험한 바리산 산맥에 주로 서식하고 있어서 정확한 수를 파악하기는 몹시 힘들다.

막연한 추정치이긴 하지만 700~750마리 정도의 수마트라호랑이가 서식하고 있다고 믿는 사람도 있다. 추정치대로라면 수마트라호랑이는 인도 지역에 서식 중인 벵골호랑이에 이어 두 번째로 많다. 스미스는 다음과 같이 말한다. "애초에 생각했던 것보다 수마트라호랑이가 훨씬 더 많이 생존하고 있다는 사실을 밝혀내기 위해 애를 쓰고 있습니다."

2009년 여름에 메단에 도착했을 때만 해도, 나는 호랑이 촬영에 성공할 수 있을지 확신이 서지 않았다. 공항에서 야생동물보호협회 야생동물 구조팀 소속 수의사인 무나와르 콜리스를 만났다. 콜리스는 호랑이 가죽을 팔려다가 체포된 사람이 있다는 소식을 막 문자 메시지로 받았다고 했다. 나는 가방과 상자 18개를 승합차에 싣고 콜리스와 함께 메단에 있는 인도네시아 산림전담 경찰SPORC 사무소로 곧바로 출발했다. 근무 중이던 경찰 여러 명이 잠복 수사 중에 압수한 어린 호랑이 가죽을 보여주었다. 바짝 말린 머리가 그대로 달려 있는 통가죽이었다. 호랑이 가죽을 팔려던 자가 유죄판결을 받으면(증거가 명백할 경우 유죄를 받는다) 1990년 이후로 엄격하게 시행되고 있는 야생동물 보호법에 따라 징역형과 함께 큰 금액의 벌금형에 처해진다. 법 시행 후 처음 법을 어긴 자는 대부분 2년 이상의 징역형에 처해졌다.

콜리스는 야생동물 보호법이 엄격한데도 여전히 밀렵이 횡행하고 있다고 했다. 인도네시아에서는 민간요법으로 사용하거나 부적이나 기념품, 아니면 단순한 호기심에서 호랑이 신체 각 부위를 수집하는 사람 때문에 예전부터 수요가 형성되어 있었다. 직급이 낮은 사람이 빨리 승진하기 위해 군 장교나 경찰 간부에게 호랑이 가죽을 뇌물로 주거나, 거래를 따내기 위해 사업가에게 선물하는 경우도 있다. 게다가 호랑이를 주인의 품위를 나타내는 애완동물로 여기는 사람도 있다.

인도네시아에서는 보호종으로 지정된 희귀한 동물을 소유하는 것이 법망을 피할 만큼 큰 영향력을 행사하는 사람임을 증명하는 수단이 되기도 하기 때문이다.

호랑이가 마력을 지닌 존재라는 오랜 믿음을 여전히 간직한 부족도 있다. 자신을 지켜준다고 믿고 7센티미터가 넘는 호랑이 송곳니를 목에 걸고 다니기도 하고, 사악한 주술을 피하려고 호랑이 수염을 몸에 지니고 다닌다. 주술사는 호랑이가 흑마술에 맞서 인간을 지켜준다고 믿어서 다른 이들에게 사악한 주문을 걸 때 호랑이 가죽을 이용했다.

그렇지만 호랑이는 수마트라 섬 해안을 넘어 훨씬 멀리까지 팔려나간다. 수입 화물 통관 기록에 따르면, 인도네시아는 1970년대부터 1990년 초에 이르기까지 호랑이 뼈를 전 세계에 가장 많이 수출한 국가다. 한국이 그중 하나다. 해당 기간 동안 한국에서 수입한 호랑이 관련 물품의 반 이상이 인도네시아에서 수입되었으며, 총 3.7톤에 달했다. 이는 호랑이 500마리의 뼈를 모은 양이다. 그러나 인도네시아에서는 1979년 이후로 호랑이 관련 물품 수출량에 대한 기록이 전혀 남아 있지 않다. '멸종 위기에 처한 야생동식물의 국제거래에 관한 협약'이 마련되어 국가 간에 희귀동물을 거래하는 일이 금지되었기 때문이다.

산림 감시원들이 수마트라 섬 북쪽 울루 마센 밀림 지역 순찰에 나섰다.
울루 마센 밀림에 대해 누구보다 잘 아는 전직 밀렵꾼과 벌목꾼 380명으로 구성된 산림 감시대는
밀림에서 일어나는 불법행위를 막고 야생동물 보호활동을 벌이고 있다.

아직 개간되지 않은 울창한 숲이 많이 남아 있지만, 1985년 이후 수마트라 섬의 밀림 48퍼센트가 경작지로 바뀌었다. 서식지와 숲이 단절되어 호랑이가 안전하게 이동할 수 없게 되면, 영역을 새로 구축해야 하는 젊은 호랑이의 미래는 불확실해진다.

수마트라 섬 전역에 상업적인 대규모 농장이
들어서고 정부에서 시행하는 전국적인 이주 정
책으로 새로운 정착민을 위한 마을이 늘어나
면서 호랑이 서식지는 계속 파괴되고 있다.

현장 이야기 | 조 스미스

'호랑이여 영원하라' 사업 아시아 지역 총책임자

조 스미스는 5년에 걸쳐 수마트라 섬 잠비 주 야생동물 보호구역 안에서 벌어지는 대규모 농장 건설과 벌목 허가로 호랑이 개체 수가 위협적으로 줄고 있는 현상을 조사하며 값진 교훈을 얻었다. 2003년에는 분명히 서식 중이었던 호랑이가 2005년이 되자 모두 사라져버린 것이었다. 서식지를 옮긴 것도, 죽은 것도 아니었다. 밀림 안에서는 날카로운 전기톱 소리가 울려 퍼지고, 화전 농업이 한창이라 사방이 연기로 자욱했다. "사방이 호랑이를 잡으려고 쳐둔 올가미나 매한가지였죠"라고 스미스는 말한다.

2007년부터 2008년까지 스미스는 호랑이가 살아남은 지역을 밝혀내려고 개발이 집중적으로 이루어진 지역을 포함해 섬 전체를 모조리 조사했다. 호랑이는 최근에 밀림이 사라져버린 지역에서는 거의 발견되지 않았지만 예상외로 넓은 지역에서 서식 중이었으며, 연구를 통해 보호 작업을 실시할 만한 중심 서식지를 여러 군데 밝혀낼 수 있었다.

스미스는 영국에서 박사 학위를 딴 후 판테라 사의 '호랑이여 영원하라' 사업을 맡기 위해 2009년에 수마트라 섬으로 돌아왔다. 스미스는 야생동물보호협회 소속 하리요 위비소노와 손잡고 넓은 북부 밀림 지역 내 주요 서식지에서 호랑이를 보호하고 관찰하는 작업을 진행했다. 그들은 GPS를 통해 파악한 위치 정보를 바탕으로 자료를 수집했고, 이를 체계적으로 이용해서 산림 감시원이 밀림에서 일어나는 위험 요소를 정확하게 찾아낼 수 있도록 했다.

다음 해, 스미스는 사업 지역을 좀더 넓혔다. 그는 '호랑이여 영원하라' 사업을 새롭게 실시할 다음 목표지를 선정하려고 아시아 전역을 샅샅이 뒤지고 있다. 스미스는 '장기간 호랑이가 번식

해서 개체 수를 늘려갈 만한 가능성이 있는 지역, 즉 넓은 지역에 충분한 개체 수가 존재하며 먹잇감도 풍부하고 호랑이 보호 정책을 강력하게 실시할 수 있는 곳, 그리고 호랑이 보호 사업을 기꺼이 실시해줄 협력자가 있는 곳'을 찾고 있다.

스미스는 인도 동북부에 위치한 국립공원 3군데를 조사하고 있는데, 바로 카지랑가 국립공원, 남다파 국립공원과 마나스 국립공원이다. 스미스는 판테라 사와 협력관계에 있는 비정부기구인 아란야크와 함께 토착 부족 마을을 방문하여 인터뷰하고 카메라 트랩으로 사진을 촬영해서 호랑이 개체 수를 확인하는 방식으로 조사하고 있다. 마나스 호랑이 보호구역이 가장 유력한 후보지다. 그곳은 호랑이에게는 매우 중요한 땅으로, 국경 너머 부탄에 위치한 로열 마나스 국립공원과 이어지기도 한다. 네팔과 인도 국경, 말레이시아 남쪽 밀림 지대와 이어지는 드넓은 숲과 초원이 있는 것도 좋은 조건으로 꼽는다.

타이 살락 프라 야생동물 보호구역 조사 작업은 인도차이나 반도에 있는 호랑이 보호구역 후 아이카캥까지 범위가 넓어졌다. 젊은 호랑이가 '개체 수 과잉' 지역에서 벗어나 새로운 '위성' 지역으로 영역을 넓힐 수 있게끔 하는 더 큰 계획의 일부분이다.

스미스는 야생동물 보호법을 더 강력하게 시행하고 야생동물을 감시하도록 하기 위해 여러 단체와 협력하고 있다. 그중 하나가 케린치 세블랏 국립공원으로, 2000년 환경보호 단체인 파우나 앤드 플로라 인터내셔널FFI의 데비 마터가 여러 단체와 함께 힘을 모아 결성한 멋진 산림 감시대 대원이 밀림 보호 작업을 펼치고 있다. 스미스는 그동안 넓은 구역을 형식적으로 순찰하던 산림 감시대가 잘 보존된 중심 서식지 2~3군데를 집중적으로 순찰하도록 하는 데 도움을 주고 있다.

산림 감시대가 밀림 경비를 나갈 때는 현장에서 즉각적인 도움과 조언을 받기 위해 법 집행 전문가와 동행한다.

스미스의 최종 목표는 수마트라 섬 전역에 있는 규모가 큰 국립공원의 잘 보존된 중심 서식지를 한데 연결하는 일이다. 서식지끼리 서로 연결되어 있지 않다면 광대한 지역을 효과적으로 단속하기가 불가능하기 때문이다. "호랑이는 원래 넓은 지역에 몇 마리만 모여 사는 동물이라, 장기적으로 호랑이를 보호하려면 중심 서식지가 여러 군데 있어야 합니다"라고 스미스는 말한다. 중심 서식지 여러 곳을 한데 연결해서 호랑이가 마음 놓고 장소를 이동하며 유전자 교류가 일어날 수 있도록 하는 것이 호랑이 보호 사업 전략이다. 호랑이가 어둠을 틈타 한밤중에만 논밭이나 밀림, 마을을 돌아다니더라도 말이다. "지금이 서식지 보호를 위해 자원을 계속 투입해야 하는 단계입니다. 호랑이 서식지를 반드시 보호해야만 하니까요."

메단은 인도네시아에서 네 번째로 큰 도시로, 내수 시장뿐만 아니라 국제적으로도 야생동물 거래가 활발하게 이루어지는 중심지다. 이곳은 북부 루세르~마센 밀림 지대에 매우 가까우며, 수마트라 섬에서 가장 넓은 호랑이 서식지 중 하나이기도 하다. 믈라카 해협 건너 동남쪽에 있는 싱가포르와도 그리 멀지 않다. 싱가포르도 역사적으로 중요한 호랑이 밀거래 중심지였다. 야생동물 거래를 감시하고 단속하는 국제 조직인 트래픽TRAFFIC에서 입수한 증거를 보면, 싱가포르는 인도네시아에서 호랑이 각 신체 부위를 수입한 후 중국 및 아시아 지역 국가에 재수출한다고 기록되어 있다. 중국에서도 호랑이 관련 물품이 대량 들어온다. 1991~1992년에만 2만 6000점 이상의 중국 전통 의약품과 강장제가 수입된 것으로 확인되었다.

1990년대에 아시아 각국 정부와 여러 보호 단체가 함께 노력을 기울인 덕분에 호랑이 뼈 거래량은 많이 감소했지만, 수마트라 섬에서만 유독 거래량이 줄어들지 않고 공공연하게 거래가 이루어지고 있다. 1990년대 이후로는 은밀히 진행되는 암거래로 바뀌었지만, 여전히 거래는 활발하다. 현지인 정보 제공자에게서 제보를 받아 위장 수사를 하면서 호랑이 밀거래 규모를 엿볼 수 있었다. 파우나 앤드 플로라 인터내셔널의 호랑이 보호 사업 담당 책임자인 매슈 링키는 "밀렵은 늘 중요한 논란거리입니다"라고 말한다.

수마트라호랑이 대부분이 죽음에 이르게 된 주요 원인은 밀렵이었지만, 새로운 걱정거리가 생겼다고 판테라 사 호랑이 사업 수석 책임자 존 굿리치가 말한다. 중국인 및 베트남인이 수마트라 섬 남부 메단에서 호랑이를 사들인다는 보고가 계속 들어오기 때문이다. 이는 인도네시아 본토에서 줄어든 인도차이나호랑이 대신 수마트라호랑이를 구입한다는 의미이기도 하다. 지금까지 밀렵은 좁은 지역 내에서만 일어났다. 그런데 이제는 외국인마저 가세한 것이다.

　나는 수마트라 섬에 도착한 첫 주에 현지인이 밀림과 야생동물을 보호하기 위해 직접 일한다는 북부 지역 여러 마을을 콜리스와 함께 돌아보았다. 콜리스는 밤이 되면 농부들을 모아놓고 건물 벽을 스크린 삼아 환경문제를 다룬 영화를 보여주었다. 콜리스는 마을 지도자를 만나서 호랑이 때문에 문제가 생기면 반드시 연락해달라고 부탁했다. 수마트라 섬 내 일부 마을 주민은 호랑이와 꽤 잘 지내기도 한다. 주민들이 호랑이를 마을의 수호신이자 조상의 영혼을 전달해주는 존재 또는 규범을 어기면 벌을 내리는 정의의 수호자라는 강한 믿음을 여전히 굳게 간직하고 있는 곳이었다.

　당시 나는 국제 호랑이 회의에 참석하려고 비행기를 타고 타이로 갔다. 그런데 그곳에 간 것을 금세 후회할 일이 생겼다. 며칠 지나지 않아 콜리스가 이메일을 보낸 것이었다. 시케라방에서 5개월 된 수컷 호랑이가 철사로 만든 올가미에 잡혔다는 내용이었다.

　며칠 뒤면 밀림 속 아름다운 호랑이의 모습과는 거리가 먼, 올가미에 걸린 호랑이를 사신에 남아야 했다. 나는 방콕에서 쿠알라룸푸르를 거쳐 수마트라 섬 끄트머리에 있는 반다아체까지 단숨에 돌아왔다. 그사이에 콜리스는 18시간 동안 반다아체부터 시케라방까지 위험하기 짝이 없는 길을 차로 달려 새끼 호랑이를 살릴 수 있는 시간에 때맞춰 도착했다. 콜리스는 작은 새끼 호랑이에게 신경안정제 총을 쏴서 진정시킨 후, 심하게 다친 앞발에서 철사를 제거했다. 어미 호랑이가 해주지 못한 일이었다. 어미 호랑이는 새끼를 올가미에서 빼내지도 못한 채 올가미에 걸린 새끼 주변을 사흘 동안 맴돌았다.

　콜리스는 호랑이를 차에 태우고 20시간을 달려 반다아체 주 시아쿠알라 대학교로 갔다. 그곳에서 콜리스는 수의사 팀과 함께 새끼 호랑이를 치료했다. 수의사 여러 명이 노력했지만 새끼 호랑이의 앞발을 구할 수는 없었다. 다음 날, 새끼 호랑이가 회복할 때까지 머무를 산림부 지역 사무소로 이동하는 도중에 새끼 호랑이는 상처를 꿰맨 실밥을 모조리 물어뜯어버렸다.

　나는 산림부 사무소에서 콜리스와 조우했다. 건물은 사람에게 해를 입은 야생동물이 든 자그마한 우리로 가득 차 있었다. 야생에서 살아야 할 동물이 우리에 갇혀 생활하고 있었다. 나는 슬픈 표정을 한 태양곰(동남아시아 열대 우림에 서식하는 곰으로 말레이곰이라고도 한다―옮긴이) 2마리와 호랑이 1마리가 든 우리 앞을 지나쳤다. 호랑이는 벌써 3년 전부터 제 몸집보다 별로 크지 않은 우리에 갇혀 살고 있다고 했다.

　겁에 잔뜩 질린 새끼 호랑이는 내가 가까이 다가가자 구석으로 도망가서 몸을 웅크리더니 콜리스가 블로건(입으로 불어 마취제를 쏘는 도구―옮긴이)으로 마취시킬 때까지 쉭쉭거리는 소리를 내며 사납게 으르렁거렸다. 구조 팀 수의사 여럿이 사무실 안에 마련된 수술실에서 새끼 호랑이가 물어뜯은 실밥을 다시 꿰매는 응급조치를 했다. 나는 모든 과정을 하나도 놓치지 않고 찍었다. 좀처럼 만날 수 없는 기회였기 때문이다.

　새끼 호랑이는 목숨을 건졌다. 2달 후, 같은 지역에서 올가미에 걸린 젊은 암컷 호랑이는 운이 없었다. 암컷 호랑이는 수술대 위에서 목숨을 잃고 말았다. 콜리스는 우리 안에 있던 새끼를 밖으로 데리고 나와 제 어미와 만나게 해주었다.

　새끼 호랑이는 상처가 나은 후 영구적인 부상을 입은 호랑이 여러 마리가 사는 동물원인 인도네시아 타만 사파리에서 살게 되었다. 타만 사파리에서는 수마트라호랑이 정자를 액화질소에 넣어 극저온에서 보존하는 '냉동 방주' 사업을 실시하고 있었다. 생존이 불확실한 수마트라호랑이의 미래를 위해 유전자를 보존하는 정책이었다. 그런데 앨런 박사는 타만 사파리를 직접 방문하고 목격한 실상에 대해 걱정했다. '냉동 방주'라는 곳은 야생동물로 가득한 방에 딸린 좁고 허름한 공간이었다. 관리 직원 말로는 벌써 전기가 여러 번 나간 적이 있어서 보관해둔 견본이 괜찮은지도 확신할 수 없다는 것이다.

　콜리스와 나는 새끼 호랑이가 올가미에 걸린 사건을 조사하기 위해 시케라방으로 돌아왔다. 주민 대부분은 오래전부터 시행된 '이주' 정책으로 거주지를 옮겼다. 1905년부터 시작된 이주 정책은 지금까지 계속되고 있는데, 자바 섬을 비롯한 인구 밀집 지역에서 인도네시아 외곽에 위치한 섬, 특히 인도네시아에 있는 수많은 섬 중 두 번째로 큰 수마트라 섬으로 인구를 분산하기 위한 것이다. 정부 기록에 따르면, 1989년까지 500만 명 정도가 수마트라 섬으로 이주했다고 한다. 이주민 대다수가 자의로 2~3번씩 거주지를 옮겼다. 인도네시아 정부는 1976년과 1992년에 세계은행에서 빌린 자금을 이주 정책을 시행하는 데 쏟아부었다. 훗날 여러 환경보호 단체가 모여 결성한 협회에서는 인도네시아 정부에 자금을 대출해준 것이 세계은행이 저지른 '치명적인 실수 5가지 중 하나'라고 지적하면서 호되게 비판했다. 인도네시아 이주 정책이 자연에 돌이킬 수 없는 손상을 입혔다는 이유에서였다.

이 마을이야말로 그 이유와 완벽하게 부합하는 예다. 울창하던 숲이 완전히 사라지고, 동물을 찾아보기도 쉽지 않았다. 이미 수년 동안 거주하던 주민도 있었고, 새로 이주한 사람도 있었다. 그런데 이주민은 거주지를 옮기면 정부에서 지급하겠다고 약속한 약 4만9000제곱미터의 농지에 혹해서 온 것이었다. 이주하자마자 자신의 몫으로 받은 숲을 개간해서 베어낸 나무 중 일부는 집을 짓는 데 사용하고 나머지는 내다 팔았다. 그런 다음 농작물이나 기름야자나무를 심었다. 자신의 땅에서 처음으로 수확할 때까지(기름야자나무는 첫 수확까지 5년이 걸린다) 좀더 큰 농장이나 대규모 상업 농장에서 턱없이 낮은 임금을 받고 일하는 주민도 있었지만, 주민 대부분은 자급자족하면서 지내고 있었다. 밭이고 숲이고 할 것 없이 작은 동물이나 사슴을 잡으려고 쳐둔 올가미가 수도 없이 눈에 띄었다. 농작물을 심어놓은 밭은 멧돼지나 농작물에 해를 입히는 동물을 잡으려고 설치한 올가미가 다른 곳의 2배는 되었다. 콜리스는 상업적으로 농작물을 재배하는 대규모 농장에는 올가미가 지뢰처럼 널려 있어 상황이 훨씬 더 심각하다고 했다.

올가미는 지나가는 것은 무엇이든 마구 잡아들인다. 부수적으로 피해를 입는 동물은 호랑이로, 보통 발이 작은 어린 호랑이가 올가미에 잘 걸려든다. 꽤 자주 일어나는 일인데, 호랑이로서는 혹독한 통행료를 치르는 셈이다. 주로 호랑이 먹잇감인 작은 동물을 잡으려고 여기저기에 올가미를 놓지만, 굶주린 호랑이가 가축을 잡아먹으려고 인간 세상으로 내려오는 경우 문제가 생긴다. 게다가 야생동물 수가 줄어들어 주민들이 호랑이 영역으로 점점 깊숙이 침범하면서 호랑이와 인간 사이에 마찰이 늘어난다. 마찰이 생기면 인간도 위태롭지만 호랑이에게도 나쁜 일이 생기는 경우가 많다. 이미 10년 전에 『자카르타포스트』에 인간과 호랑이와 코끼리를 비롯한 야생동물 간의 마찰이 '심각한 수준'에 이르렀다는 기사가 실린 적도 있다.

기발하기도 했지만 큰 논란을 불러일으켰던 다소 무모한 실험도 있었다. 토미 위나타라는 독불장군 백만장자가 '호랑이 교도소'라고 불리는 정부 시설에서 인간과 마찰을 일으켜 비좁은 우리에서 갇혀 지내던 호랑이 9마리를 입양한 일이었다. 당시 우리에 갇힌 호랑이 9마리 중에 일부는 사람을 잡아먹었다고 알려져 있었다. 나머지는 모두 가축을 잡아먹었다. 2008년, 그중 5마리가 무선 송신기를 부착하고 위나타의 사유지에서 벗어나 수마트라 섬 남쪽 끝에 위치한 드넓은 부킷바리산슬라탄 국립공원으로 돌아갔다. 그곳의 숲은 호랑이 먹잇감이 풍부하고, 소규모의 청원경찰이 밀림을 보호하고 있었다. 게다가 마을 주민 170명도 함께 살고 있었다. 야생으로 돌아간 호랑이 5마리는 밀림에 잘 적응했고, 암컷은 새끼까지 낳았다. 그리고 더는 인간을 공격하지 않았다. 지금까지도 마찬가지다. 바람이 있다면 야생으로 돌아간 호랑이가 개체 수를 늘려 공원을 가득 채웠으면 하는 것이다.

시케라방 지역의 마을 주민은 콜리스가 올가미에 걸린 새끼 호랑이를 구했다는 소식을 듣고 몹시 기뻐했다. 예전에 이와 비슷한 사고 2건이 일어났을 때 군대에 연락했는데, 출동한 군인은 새끼 호랑이를 총으로 쏴 죽였다고 했다. 마취총 없이는 올가미에 걸린 호랑이를 풀어줄 방법이 없다. 그러나 올가미를 놓았던 주민은 새끼 호랑이가 발을 절단했다는 말에 무척 괴로워했다. 콜리스와 나는 그 사내를 따라 숲 속으로 들어가 설치한 올가미를 모조리 치우는 것을 확인했다.

차를 타고 시케라방으로 가는 길에 다른 곳에서는 좀처럼 보기 힘든 광경이 눈에 들어왔다. 공기가 푸르스름한 데다 사방이 연기로 자욱했다. 숲 전체에 걸쳐 최근 벌목한 자리에 덤불 따위를

마을 주민이 남 아체 지방에 있는 강에서 몸을 씻고 수영을 하고 있다. 뒤로 보이는 곳은 야자유 생산 농장이다. 인도네시아는 야자유 최대 생산국으로, 2012년에는 1800만 톤을 생산했다.

자바 섬 인구 과잉 문제를 해결하기 위해 이주 정책을 실시하면서,
수마트라 섬으로 이주하는 사람에게는 정부에서 토지를 나누어준다.
위 바하르디와 이덱 가자가
새로 얻은 땅에 기름야자나무를 심기 위해 나무를 베어내고 있다.
아래 한 남자가 소규모 농장에서 수확한 기름야자 열매를 옮기고 있다.

불에 태운 흔적이 뚜렷했다. 땅은 검게 그을었고, 계속 불길이 타고 있는 곳도 있었다. 수마트라 섬에서 지낸 2달 동안 수없이 본 광경이었다. 수십 년에 걸쳐 거대한 숲에서는 이주민을 위한 벌목 작업이 시행되었고, 그 자리에 농장이 늘어섰다. 1990년 이후로 인도네시아는 브라질을 제외하고는 숲이 가장 많이 파괴된 열대 지역 국가다.

수마트라 섬 저지대에 있는 비옥한 토지는 대부분 고무, 커피, 종이, 아카시아, 특히 야자유를 생산하기 위해 밀림을 개간한 땅이었다. 기름야자나무에서 열리는 주황색 열매는 전 세계에서 가장 유명한 '식물성 기름'의 원료로, 피자, 에너지 바(초콜릿과 말린 과일, 곡물 등을 섞어 만든 간식―옮긴이), 비누, 화장품을 비롯하여 최근에는 바이오디젤(식물성 기름으로 만들어 디젤 엔진에 사용할 수 있는 대체에너지―옮긴이)의 원료로도 많이 쓰인다. 2012년에 인도네시아는 야자유 1800만 톤을 생산함으로써 세계 최대 생산국이 되었다. 그리고 바이오연료(곡물이나 식물, 나무, 해조류, 축산 폐기물 등을 발효시켜 만들어낸 연료―옮긴이) 140만 톤을 추가로 생산했다. 인도네시아 정부는 앞으로 7년 동안 현재 생산량보다 60퍼센트 정도를 더 늘릴 계획이라고 한다.

정부가 계획한 목표량을 채우려면 내가 비행기에서 내려다본 숲을 모조리 없애고 수마트라 섬 전체에 대규모 농장이 들어서는 수밖에 없을 것이다. 숲이 모조리 사라진다면 호랑이는 살 곳을 모두 잃고 인간이 만든 땅 한가운데에서 생존을 위한 사투를 벌이게 될 것은 불 보듯 뻔한 일이다. 희망적인 일이 있다면, 스미스가 2003년 수마트라 섬 남부 잠비 주를 조사하다가 의외의 사실을 알게 된 것이었다. 조사 과정 중에 찍은 사진을 살펴보았더니, 호랑이 몇 마리가 농장과 벌목이 진행 중인 숲에서 살고 있었는데 상태가 좋아 보였다고 했다. 새끼를 낳아 기르는 호랑이도 있었다고 한다. 그러나 2년 만에 호랑이는 모조리 사라졌다. 길이 모두 끊긴 고립된 숲 언저리에서 살고 있는 호랑이의 미래는 몹시 위태로울 수밖에 없다고 스미스는 말한다.

인간은 자유롭게 숲을 드나들며 나무를 베고 사냥하며 숲 전체를 모조리 논밭으로 만들고 있다. 하지만 논밭은 보호구역 사이를 이어주는 중요한 디딤돌 역할을 할 수도 있다. 특히 영역을 넓혀야 하는 젊은 호랑이에게는 더욱 중요하다. 새끼 호랑이는 보통 생후 18~24개월이 되면 어미로부터 독립해서 제 힘으로 살아간다. 어린 암컷 호랑이는 어미와 그리 멀리 떨어지지 않은 곳에 터를 잡는 경우가 많다. 그러나 일반적으로 성체가 된 수컷 호랑이는 위험을 무릅쓰고 길을 건너고 농장과 마을을 여러 개 지나 아주 멀리까지 이동하는 성향이 있다. 반드시 숲을 보존해야 하는 중요한 이유이기도 하다.

그러나 번식할 수 있는 건강한 호랑이가 수마트라 섬에 아직 남은 넓은 숲에서 살고 있다. 수마트라 섬은 카지랑가 국립공원과 달리 넓은 공간이 있고, 숲이 우거졌으며, 서식지가 서로 연결되어 있다. 그래서 조사자들도 핵심 서식지를 정확하게 파악하지 못했다. 호랑이가 드넓은 공원에서 살며 번성하려면 핵심 서식지만큼은 카지랑가 국립공원 못지않게 강력한 정책으로 보호해야 한다. 그중에서도 가장 중요한 곳은 수마트라 섬 중서부 케린치 세블랏 국립공원과 서남부 부킷 바리산슬라탄 지역이다. 그 밖에 수마트라 섬에서 가장 넓은 밀림으로 서로 인접해 있는 구눙 루세르와 울루 마센 지역이 있다. 두 국립공원을 합치면 아일랜드 면적과 비슷한 데다, 산세가 험하고 외진 곳이어서 개발이 어려워 호랑이가 오랫동안 살 수 있다.

2007년 루세르~마센 지역을 조사하면서 최우선 보호구역으로 지정하기에 충분할 만큼 호랑

수마트라 섬 북부 지역의 마을 인근에서 한 남자가 동물을 잡으려고 올가미를 놓았다가
새끼 호랑이가 걸리자 자신이 놓은 올가미를 해체하고 있다. 개간한 농지에서 첫 수확을 거둘 때까지
5년 동안 기름야자나무를 재배하는 농민은 식량 마련을 위해 땅에 기댈 수밖에 없었다.
올가미는 지나가는 것은 무엇이든 마구 잡아들인다.

노베르 스리아디가 수마트라 섬 토바 호수 근처에서 잡은 멧돼지를 보여주고 있다.
마을 주민은 농작물을 망가트리는 멧돼지를 잡으려고 밭에 올가미를 놓는다.
인도네시아에는 이슬람교도가 많아 돼지고기를 먹지 않기 때문에 멧돼지를 잡으면
현지 중국인에게 팔거나 땅에 묻는다.
멧돼지 냄새를 맡고 온 호랑이가 밭에 놓아둔 올가미에 걸리는 것이다.

이의 흔적을 수없이 발견했다. 아시아 지역에서는 생물 종이 가장 다양하고 풍부하므로 수마트라 호랑이의 마지막 보루였다. 꽤 넓은 밀림 지역이 비교적 파괴되지 않은 채 보존되어 있었는데, 아체 주에서 지리하게 끌어온 내전 덕분이었다. 이 지역은 29년 동안이나 '아체 독립운동'을 위해 투쟁하던 시민군이 숨어 지내기에 알맞았다. 시민군은 2005년에 투항했다.

그런데 현재 밀림 지역의 4분의 1이 경매에 부쳐진 상태다. 새로운 주지사가 이전의 보호 정책을 폐기해버린 탓이다. 게다가 산에 매장된 금을 채굴하기 위해 기업이 대거 몰려들 기세여서 심각한 상황을 초래할 조짐도 엿보인다. 옛날부터 유명한 금광에 대한 전설이 사실인 것으로 드러났는데, 산 하나마다 10억 달러 상당의 금이 매장되어 있다고 한다.

나는 처음에는 콜리스와 함께 메단 근처에서 촬영했다. 그러나 호랑이를 발견하지 못해서 제대로 사진을 찍지 못했다. 나는 야생동물을 취재할 때면 현장에서 만난 과학자나 비정부기구 직원, 정부 기관의 긴밀한 협조를 받아 촬영을 진행했다. 그런데 수마트라 섬에서는 보호 사업을 진행 중인 단체가 섬 전역에 퍼져 있어서 정보를 얻기가 몹시 어려웠다. 어디에서든 촬영을 시작해야 했다. 그래서 광활한 이탄 습지를 중심으로 숲이 우거진 수마트라 남쪽 잠비 주 브르박 국립공원으로 가기로 했다. 유일한 교통수단인 화물선을 타고 이틀 동안 인근 해안에 자리 잡은 작은 만을 모두 지나친 뒤에야 그곳에 도착했다. 직원은 나를 공원 내 '연구소'로 데려다주었다. 작은 건물 2채를 과학자 여러 명이 사용하고 있었다. 그곳에서 동물이 지나다니는 길목에 카메라 트랩을 설치하느라 사흘을 보냈다. 일반 카메라 3대와 비디오카메라 1대를 설치했는데, 그곳에 몇 달 동안 둘 생각이었다. 대학원생 2명을 고용해서 카메라에 찍힌 사진을 내려받고 배터리를 교체하는

사진 속 새끼 수컷 호랑이는 올가미에 걸려 사
흘 동안 방치되는 바람에 오른쪽 앞발을 잃었
다. 상처를 회복한 후 새끼 호랑이는 부상을 입
은 호랑이를 위한 보호소인 자바 섬 동물원으
로 갔다.

새끼 호랑이는 절단된 발의 상처를 감싼 붕대를 물어뜯어버렸다.
반다아체 시아쿠알라 대학 소속 야생동물 수의사가 상처를 다시 꿰매주었다.

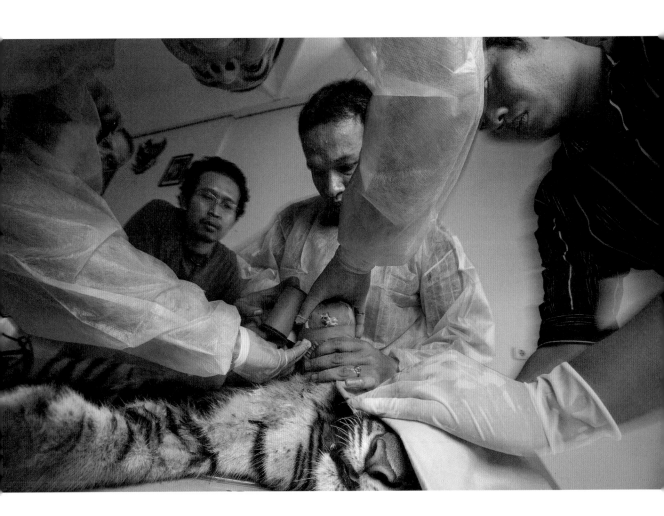

수의사 2명과 산림 감시원 1명이 수술이 끝난 새끼 호랑이를 들고 있다.
무나와르 콜리스(가운데)가 수마트라 섬 북쪽에서 철사로 만든 올가미에 걸린 새끼 호랑이를 구조했다.
콜리스는 새끼 호랑이를 마취시켜 차로 20시간을 달려 반다아체로 데리고 와
새끼 호랑이의 발을 절단하는 수술을 했다.

일을 맡긴 뒤, 다음 배를 타고 브르박 국립공원을 떠났다.

　브르박 국립공원에서 나온 후, 나는 잠비 시에 있는 산림전담경찰 사무실로 가서 야생동물 보호 전담반을 만났다. 불법 벌목이 큰 문제가 되고 있는 보호구역으로 순찰을 나갈 때 동행할 수 있는 허가증을 받아놓은 상태였다. 몇 달 전, 호랑이가 불법 벌목꾼의 캠프를 여러 차례 공격하는 바람에 남자 7명이 죽었다. 이 사건으로 불법 벌목이 한동안 주춤하는 듯하더니, 벌목꾼이 다시 숲으로 돌아왔다는 소문이 들렸다. 산림전담경찰이 현장을 조사하러 나가려던 길이었다.

　나는 경찰대와 함께 트럭 4대에 나눠 탔다. 유니폼을 입고 기관총을 든 산림전담경찰은 차에 나눠 타거나 허름한 자전거를 타고 트럭 뒤를 따르는 사람을 모두 합쳐 20명이었다. 구불구불한 진흙길을 따라 차가 덜컹거리며 한참을 달리자 좁은 길이 나왔다. 그때부터는 자전거가 앞장서고 모두 그 뒤를 따라 걸어서 이동했다.

　차 소리가 나면 벌목꾼이 알아채고 도망갈지도 몰랐다. 작은 벌목장에 도착하자, 탄탄하게 지은 오두막 몇 채와 제재소가 보였다. 한눈에 봐도 벌목장이 텅 빈 것을 알 수 있었다. 경찰대 대원이 이곳저곳을 좀더 조사했다. 나는 멀찌감치 서서 산림전담경찰이 벌목장 주변을 세심하게 조사하고 오두막과 제재소에 불을 놓는 모습을 촬영했다. 그런 다음 불길이 확실히 꺼졌는지 살펴볼 대원 몇 명만 남겨두고 숲으로 더 깊이 들어갔다.

　몇 분도 채 안 되어 근처에서 총소리가 들려왔다. 무전기에서도 신호가 들렸다. 또 다른 벌목장을 찾아낸 모양이었다. 경찰이 바짝 마른 남자 셋을 체포했는데, 1명은 소년으로 보였고 3명 다 낡아빠진 옷을 입고 있었다. 다른 사람은 모두 도망친 모양이었다.

그들에게 몇 가지 물어본 다음, 경찰은 전기톱을 들고 빈터에 가득 쌓아놓은 나무 더미로 데리고 가서 모조리 잘라버리라고 명령했다. 내가 보기에는 경찰의 행동이 아주 이상했다. 산림부에서 벌목꾼이 잘라낸 나무를 팔아 돈을 마련하면 쓸 곳이 많을 터였다. 산림전담경찰이 순찰을 돌 때 사용하는 자동차에 기름을 넣을 돈이 부족할 때도 가끔 있었는데 말이다. 그러나 경찰이 그러는 데는 그럴 만한 이유가 있었다. 불법으로 벌목한 목재를 파기하지 않으면 불법 벌목꾼이 다시 돌아와서 나무를 빼돌릴 수도 있기 때문에 아예 나무를 못쓰게 만드는 것이었다.

벌목장도 역시 불태웠다. 경찰은 죄수 셋을 본부로 데리고 와서 하루 동안 심문한 뒤 모두 풀어주었다. 셋 다 품삯을 받고 일하는 일꾼에 불과했기 때문이었다. 경찰은 벌목장 운영자를 계속 추적했다.

시내로 다시 돌아가는 길에 경찰 1명이 밀렵 사건이 발생했다는 문자 메시지를 받았다. 잠비에 있는 타만 림보 동물원은 금요일에는 문을 닫기 때문에 관리 직원이 토요일 아침에 다시 출근하는데, 그사이에 침입 사건이 발생하곤 했다. 농불원에 침입한 사는 관람객에게 사랑받던 18년 된 암컷 수마트라호랑이 실라Sheila에게 진정제가 든 고기를 먹여 약에 취하게 했다. 그런 다음 실라의 배를 가르고 내장만 남겨둔 채 나머지를 모두 가지고 사라졌다. 나는 동물원에 침입해서 호랑이를 밀렵하는 사람이 있다는 사실을 도저히 믿을 수 없었다. 그러나 이런 비극은 반드시 기록으로 남겨야 했다. 동물원에 도착하자, 이미 경찰이 잔뜩 몰려와 있었다. 통역사를 통해서 형사에게 실라를 관리하는 사육사를 어디에서 만날 수 있는지 물었다. 형사는 실라가 살던 우리에서 보일

만큼 가까이 있는 사육사 숙소를 손으로 가리켰다. 사육사도 충격을 받은 듯 보였다. 사육사는 실라를 8년 동안 보살펴왔다고 말했다.

내가 사육사에게 실라의 사진을 줄 수 있느냐고 묻자, 숙소 안으로 들어가 사진이 든 CD를 들고 나왔다. 나는 실라에게 무슨 일이 일어났는지 보여줄 수 있는 유일한 방법을 생각해냈다. 마을에서 실라의 사진을 큼지막하게 출력하고 동물원으로 돌아왔는데, 텅 빈 우리를 물끄러미 바라보고 서 있던 8살 난 소녀 다라 아리스타를 만났다. 소녀는 가족과 함께 실라를 보러 동물원에 온 참이었다. 나는 실라가 먹고 잠자던 우리 앞에서 실라의 사진을 들고 선 소녀의 사진을 찍었다. 이제는 경찰이 출입금지 선을 쳐놓은 범죄 현장이 되고 말았지만.

밀렵꾼은 버스를 타고 실라의 신체 각 부위를 옮기던 중 체포되었고, 실라를 죽였다고 자백했다. 실라를 죽인 대가는 고작 100달러였다.

나는 반다아체 근처에 카메라 트랩을 설치하기 위해 수마트라 북부로 가서 곧바로 파우나 앤드 플로라 인터내셔널 사무실에서 매슈 링키를 만났다. 그곳에서 이메일을 확인하다가 브르박 국립공원 조사관이 보낸 몸이 불편해 보이는 호랑이 사진 1장을 발견했다. 어부들이 브르박 국립공원에 설치해둔 카메라를 훔쳐가기 전에 찍힌 유일한 사진이었다. 비디오카메라도 어부들이 훔쳐가버렸다.

매슈는 나에게 마디 이스마일을 소개해주었다. 마디는 2004년에 아체 지방을 휩쓸고 지나간 지진 해일로 전 재산을 잃기 전까지 성공한 사업가였다. 마니는 1년 동안 재건활동을 도운 뒤 본

위 사이풀 안와르가 루세르 국립공원 안에 조성된 약 840제곱킬로미터에 달하는
불법 기름야자나무 농장의 일부분을 없애고 있다. 이 나무는 15년 전에 심은 것이다.
아래 산림전담경찰이 브르박 국립공원에 있는 불법 벌목장을 불태우고 있다.
순찰을 통해 벌목꾼 몇 명을 체포해 구금하기도 했다.

172

격적으로 호랑이 보호활동을 하기로 마음먹고 파우나 앤드 플로라 인터내셔널에서 일하고 있다.

2009년, 마디는 전직 밀렵꾼과 벌목꾼, 시민군을 모집해 훈련시켜서 울루 마센 밀림 지역을 순찰하는 산림 감시원으로 활동하도록 했다. 산림 감시원 훈련 사업을 통해 인근 밀림 지역을 잘 아는 380명에게는 합법적이고 안정적인 수입이 생겼다. 밀림은 그들의 이웃이었다. 또 파우나 앤드 플로라 인터내셔널에서는 각 부족의 코끼리 조련사를 정부에서 고용하여 코끼리를 몰게 함으로써 밀림 순찰에 이용할 수 있도록 했다. 마디가 나를 코끼리 조련사와 함께 밀림 순찰에 데리고 가 주었다. 마디와 나는 코끼리를 타고 울창한 열대림으로 들어갔다. 나는 코끼리 조련사가 코끼리를 모는 법을 배우는 동안 사진을 찍었고, 일과가 끝난 뒤 함께 강으로 들어갔다. 코끼리는 기다렸다는 듯 물속으로 뛰어들어 물을 마시고 코로 물을 빨아들여 제 등에다 마구 뿌려댔다. 조련사가 명령을 내리자, 코끼리는 조련사가 올라타서 등을 문지를 동안 물속에 가만히 서 있었다. 조련사도 물속에서 첨벙거리며 물을 뒤집어쓴 모습이 코끼리만큼이나 신이 난 모습이었다.

산림 감시원이 되기 위한 훈련은 몹시 고되었다. 산림 감시원 신입 대원은 열흘 정도 야영하면서 씻지도, 옷을 갈아입지도 못했고, 새벽 5시에 깨서 밤 10시가 되어서야 잠자리에 들 수 있었다. 야간 순찰 훈련이 있을 때면 자다가도 일어나야 했다. 한밤중에 밀렵 현장을 급습하는 법이나 야생동물 구조 모의 실습을 하느라 잠을 자지 못하는 경우도 가끔 있었다. 전날 밤에는 중요한 의식을 치르느라 훈련은 자정까지 이어졌다. 교관이 신입 대원을 땀과 핏자국, 거머리가 잔뜩 붙은 훈련복 차림 그대로 강물 속에 풍덩 빠트렸다. 그들이 다시 나타났을 때는 모두가 말끔하고 빳빳한 산림 감시원 유니폼을 입고 있었다. 대원 모두가 와락 울음을 터트렸다. 40명 정도 되는 사람이 횃불을 밝혀놓은 해변에 나란히 서서 이슬람 노래를 부르자, 노랫소리가 물결을 타고 멀리 울려 퍼졌다. 파우나 앤드 플로라 인터내셔널 직원과 마을 지도자, 산림부 직원, 산림 감시원이 한데 모여 훈련을 마치고 새롭게 일원이 된 산림 감시원을 환영하기 위해 기다리고 있었던 것이다. 서로 신뢰를 쌓는 아주 중요한 의식이었다. 그들은 전과자였고, 아체 지방 내전은 의혹만 남긴 채 끝나버려서 누가 이웃이고 적인지 알 수도 없던 때였다.

수마트라 섬 북부 반다아체에서 하루 일과가
끝난 산림 경비원이 순찰을 돌 때 타고 나간 코
끼리를 강물에 씻기는 동안 한 여인이 줄다리
를 따라 강을 건너고 있다.

현장 이야기 | 무나와르 콜리스
수의사이자 호랑이 보호활동가

구조 요청은 때를 가리지 않는다. 구조를 요청한 곳은 지리적으로 그리 멀리 떨어져 있지는 않지만, 무나와르 콜리스가 현장으로 가는 데 꼬박 하루가 걸리는 경우도 있다. 바퀴 자국이 가득한 험한 시골길을 차를 몰고 가야 하기 때문이다. 야생동물보호협회에서 수의사로 일하는 콜리스의 임무는 수마트라 북부 마을 근처에서 주민들이 사냥을 하려고 놓아둔 올가미에 잡힌 호랑이나 야생동물을 구조하는 일이다.

철사로 만든 올가미는 대상을 가리지 않고 마구 잡아들인다. 올가미는 사냥감을 잡거나 농작물을 망치는 사슴이나 멧돼지가 접근하지 못하도록 설치한 것이지만, 새끼 호랑이가 걸려드는 경우도 있다. 즉시 콜리스를 부르는 경우는 거의 없고, 보통 호랑이가 올가미에 걸린 지 며칠이 지나서야 구조 요청을 한다. 그래서 새끼 호랑이를 구조해서 목숨을 건지더라도 발이 절단된 채 우리 안에서만 지내다가 생을 마감하는 일이 많다. 콜리스는 예전에 치카낭가 야생동물 센터에서 몇 년 동안 개인이 불법으로 소유한 멸종 위기생물이나 밀거래되는 야생동물을 구조하면서 야생동물 응급 처치 경험을 쌓았다.

콜리스는 야생동물에게 일어나는 비극을 막기 위해 지역 지도자와 긴밀한 관계를 유지하며 일한다. 콜리스에게 오는 구조 요청은 대개 호랑이로, 가축을 사냥하느라 마을로 내려와 돌아다니다가 잡히곤 한다. 숲이 점점 줄어들고 인간 거주지가 호랑이 서식지를 침범하면서 호랑이는 안전한 서식지와 먹이를 모두 잃고 인간과 마주칠 일이 점점 늘어날 수밖에 없다. 가축을 잃는 것은 경제적으로 아주 큰 손실이다. 가축을 잃어 위기에 처한 주민은 호랑이에게 총을 쏘거나 독

이 든 미끼를 놓아 죽이는 식으로 앙갚음을 한다. 호랑이와 주민 모두 피해를 입는 셈이다. 콜리스는 호랑이와 마찰이 가장 잦은 지역의 마을 촌장에게 솔깃한 제안을 했다. 마을 가까이 내려와서 가축을 사냥하다 올가미에 잡힌 호랑이를 해치는 대신 콜리스에게 연락하면 보상을 해주기로 한 것이다.

가축을 밀림 지역 근처에 풀어놓고 키우는 일은 큰 피해를 입을 수 있는 지름길이다. 새끼를 돌보는 어미 호랑이나 부상을 입거나 나이 든 호랑이에게는 아주 손쉽게 사냥할 수 있는 먹잇감이 되기 때문이다. 호랑이의 공격을 사전에 막는 유일한 방법은 어두워지기 전에 가축을 우리 안에 가두는 것뿐이다. 호랑이는 해가 지고 나서야 사냥에 나서기 때문이다. 콜리스는 4년 동안 동료와 함께 호랑이의 접근을 막을 수 있도록 축사에 두를 가시철조망을 120개나 설치했다. 또 축산업에 대한 토론을 벌여 가축에게 예방접종을 실시했다. 젖소나 염소가 질병에 걸려 죽는 경우가 호랑이에게 잡아먹혀 목숨을 잃는 것보다 훨씬 많기 때문이었다.

2007~2008년에 '마찰'을 일으킨 호랑이 13마리가 주민의 손에 목숨을 잃거나 수마트라 섬 북부 소수민족 거주지에서 사라졌다. 이는 호랑이 서식지를 옮긴다고 간단히 해결될 문제가 아니다. 호랑이는 영역을 굳건하게 지키며 사는 동물이라서 영역을 침범당할 경우에는 싸움이 일어나고 치명적인 결과로 이어지기도 한다. 2011년과 다음 해에 콜리스의 노력이 뚜렷한 증거로 나타났다. 주민이 앙갚음하려고 호랑이를 죽이는 일이 단 한 번도 일어나지 않은 것이다. 물론 호랑이가 서식지를 옮기지도 않았다. 콜리스가 마을을 방문하면 주민은 귀빈 대접을 해주었다. 이런 일을 겪어온 콜리스는 이렇게 말한다. "제가 수의사로서 전문 지식이 있기 때문에 호랑이를 1마리씩 구할

수 있다는 사실을 깨달았습니다. 구조한 호랑이 중에는 야생으로 돌아갈 수 없는 녀석도 많긴 했지만요." 현재 상태로는 만족할 수 없다. 콜리스는 좀더 폭넓은 보호 사업을 원했다. 콜리스는 최근 파우나 앤드 플로라 인터내셔널에서 일을 시작했다. 이 단체는 수마트라 섬 북부 지역에서 추진 중인 '산림 감시' 일에 전직 벌목꾼과 밀렵꾼을 고용해 투입하고 있다. 콜리스는 몇 달 만에 300여 명의 전직 벌목꾼 및 밀렵꾼을 훈련시킨 후, 5개 지역 숲에서 올가미를 제거하는 작업을 실시했다. 반드시 해야 할 일이었다. 밀렵이 성행하면서 콜리스는 지역 주민과 직접 협상하여, 보호구역 내에서는 야생동물을 사냥해 고기를 먹는 일뿐만 아니라 호랑이 사냥도 금지했다. 마을 원로와 회의를 통해 콜리스는 호랑이 때문에 마을에 문제가 생기면 자신에게 연락해달라고 요청했다. 그리고 지역 주민이 밀렵을 막기 위해 직접 불침번을 서줄 것도 부탁했다. 이런 요구에 따를 경우에는 가축을 구입하고 안전한 우리를 짓고 깨끗한 물을 사용한 양어장을 지을 수 있는 비용 등을 포함하여 경제적으로 보상을 해준다.

콜리스는 야생동물 불법 도살을 막을 수 있는 유일한 방법은 주민이 생계를 꾸려나갈 수 있는 방법을 마련해주고, 강력하고 끊임없이 보호활동을 하는 것이라고 말한다.

현장 이야기 | 매슈 링키

수마트라 섬 북부 지역 호랑이 보호 사업 총책임자

매슈 링키는 1999년에 케린치 세블랏 국립공원의 무더운 열대우림에서 호랑이 연구를 시작했다. 링키는 작은 농촌 마을에서 살았는데, 인도네시아 저지대 밀림이 얼마나 많이 파괴되었는지 잘 알면서도 인도네시아어는 한 마디도 못했다. 그는 대학원에서 연구하면서(듀럴 보전생물학 연구소 [영국 켄트 대학 부설 연구소─옮긴이]에 있었다), 멸종 위기에 처한 수마트라호랑이, 아시아코끼리를 비롯해 서식지 숲에서 빠르게 자취를 감추고 있는 동물을 보호하고 연구하는 일에 평생을 바치기로 마음먹었다.

링키는 영국에 본부를 둔 파우나 앤드 플로라 인터내셔널 호랑이 보호 사업 책임자인 데비 마터와 함께 일하기 위해 수마트라 섬으로 왔다. 당시 마터는 호랑이가 처한 모진 현실에 맞서 싸울 방법을 찾느라 고심하고 있었다. 야생동물 밀렵 및 밀거래가 성행하면서 케린치 지역에서 호랑이가 모조리 사라져버렸기 때문이었다. 약 1만3700제곱킬로미터 면적의 보호구역 내에 남은 호랑이 숫자로는 멸종을 피할 수 없을 것 같았다. 마터는 '호랑이 팀'으로 불리는 지역 단체를 새로 꾸리고, 산림부 및 경찰과의 긴밀한 협조를 통해 호랑이 보호 정책을 강력하게 실시했으며, 비밀 정보망도 마련했다. 새로운 사업에서 링키가 맡은 임무는 숲이 파괴되는지 지속적으로 관찰하고, 호랑이와 호랑이 먹잇감이 되는 야생동물에 대한 정보도 함께 제공하는 것이다. 야생동물 서식지와 개체 수뿐만 아니라, 개체 수가 안정적인지도 자세히 파악해야 한다.

링키는 사진을 찍기 위해 동물이 이동하는 통로를 따라 150여 대가 넘는 카메라 트랩을 설치했다. 그가 만들어서 현재까지도 이용하고 있는 야생동물 관찰 시스템 덕분에 젊은 환경보호운

동가들이 기술적인 지식을 얻을 수 있게 되었다. 이렇게 얻은 자료를 통해 '호랑이 팀'은 호랑이 혹은 먹잇감이 되는 동물이 현재 서식 중이거나 좀더 강력한 보호책이나 조사가 필요한 지역을 집중적으로 순찰할 수 있다. 카메라 트랩에 찍힌 사진을 조사해서 얻은 확실한 증거는 외부인이 쉽게 접근할 수 있도록 숲을 모두 베어내고 도로를 건설해야 한다는 제안을 무산시키는 데 큰 도움이 되었다. 그리고 인도네시아 산림부에서 호랑이가 서식하는 핵심 지역을 보호하기 위한 정책을 공식적으로 시행할 수 있는 계기를 마련했다. 그 결과, 호랑이 개체 수는 안정화되어 공원 전체 80퍼센트 구역에서 서식 중이다.

2007년까지 인도네시아에서는 수마트라호랑이 서식지에 대해 전혀 알지 못했다. 링키는 9개 비영리단체와 손을 잡고, 수마트라 섬 전체를 대상으로 최초로 조사를 실시했다. 링키가 공동 집필한 연구 논문을 통해 수마트라호랑이가 누구도 예상하지 못할 만큼 넓게 서식하고 있다는 사실이 밝혀졌다. 공동 연구 경험이 전혀 없는 단체나 과학자 사이에서도 더욱 긴밀한 협조가 이루어졌다.

한 가지 놀라운 점은 아체 주 북쪽 밀림 지역에도 수마트라호랑이가 살고 있다는 것이었다. 링키는 파우나 앤드 플로라 인터내셔널에서 추진하는 호랑이 보호 사업 총책임자로 일하기로 계약했다. 그는 메릴랜드 주보다 더 넓은 지역을 국제적인 호랑이 최우선 보호구역으로 지정하도록 승인받았다. 아체 주 북부 지방은 지형이 몹시 험해서 사람의 발길이 닿지 않아 호랑이에게 안전한 서식지가 되었다. 그리고 최근에는 29년 동안이나 끌어오던 내전도 끝났다.

링키는 산림 감시원 사업을 새롭게 시작했다. 밀림을 제집 마당처럼 훤히 꿰고 있는 전직 시민군, 불법 벌목꾼, 밀렵꾼을 뽑아 훈련시켜 야생동물을 보호하게끔 할 계획이다. 현재 산림 감시원 380명이 밀림 지대를 순찰하면서 올가미를 철거하고, 호랑이나 코끼리 때문에 피해를 입고 문제가 생긴 마을 주민을 진정시키는 역할을 수행하고 있다. 파우나 앤드 플로라 인터내셔널에서 실시한 불법 벌목꾼 퇴치 훈련을 마친 산림 감시대 대원과 경찰은 벌목꾼 145명을 검거했다. 최근 링키는 인도네시아에서는 최초로 암시장에서 호랑이 밀수 현장을 잡아내는 특별 경찰 팀을 만들고 있다.

링키가 호랑이를 위해 일하는 이유는 호랑이가 '숲의 심장이자 영혼'이기 때문이다. 그는 호랑이가 숲에서 사라지는 일은 상상할 수조차 없다. 그리고 이렇게 말한다. "호랑이를 보호하는 일은 하나의 일입니다. 또한 끝없이 계속해야 하며, '호랑이 보호에 성공했어'라는 말은 결코 있을 수 없습니다. 그저 호랑이를 위해 싸움을 계속하는 수밖에 없어요. 공에서 절대 눈을 떼면 안 되는 것처럼 말입니다."

산림 감시원 중에는 특별히 경비 업무에 헌신하는 사람도 있다. 렁키는 이들을 숨은 영웅이라고 불렀는데, 그중에서도 특히 픅 노르만 빈 춋을 매우 높이 평가했다. 마디는 픅 노르만 빈 춋을 6년 전에 밀렵꾼 캠프에서 처음 만났는데, 운반 중에 상하지 않게 하려고 삼바를 불에 그슬리고 있었다고 한다. 예전에 그를 만났다면 당장 감옥에 집어넣고 싶었겠지만, 그랬다면 다른 사람 10명을 합친 것보다 더 큰 손해였으리라고 마디는 말했다. 마디는 빈 춋이 가진 것이 없어서 돈이 필요했고, 돈을 벌 수 있는 유일한 방법이 밀렵뿐이었다는 사실을 알게 되었다. 현재 빈 춋은 매우 열성적으로 일하는 산림 경비원 중 하나가 되었다.

나는 마디와 빈 춋과 함께 숲이 우거진 길을 따라 카메라 트랩을 설치할 만한 장소를 찾아보러 갔다. 어느 순간, 빈 춋은 말도 없이 숲 속으로 사라졌다. 그는 1시간 후에 다시 나타나서 "있어요"라고 말하며, 동물이 다니는 좁은 오솔길로 안내했다. 빈 춋은 뱀처럼 생긴 나무뿌리 사이에 난 호랑이 발자국을 가리켰다. 나는 그곳에 카메라를 설치했다. 배경이 되는 숲의 풍경도 퍽 아름다웠다.

마디는 마을 주민 몇 명을 더 모아서 또 다른 장소를 찾도록 도움을 주었다. 밀림 속 깊은 곳에서 개 짖는 소리가 들려오기에 따라갔다. 그러다가 뾰족한 가시가 잔뜩 튀어나온 철사를 두른 작은 대나무 우리 안에 조그마한 개가 묶여 있는 모습을 발견했다. 호랑이 미끼였다. 입구는 하나뿐이었고, 안에는 올가미가 놓여 있었다. 개를 마을로 데리고 가고 싶었지만, 조사 작업이 끝나지 않아서 방해가 될까 봐 걱정스러웠다. 나는 개를 무척 좋아해서 집에 구조된 강아지 2마리를 기르고 있었다. 강아지를 두고 떠나자니 마음이 무척 아팠다. 우리는 그곳에 카메라를 설치하는 것은 매우 위험하다고 판단했다. 집으로 돌아온 후 몇 달이 지나서, 개를 미끼로 넣어둔 덫을 설치한 용의자가 체포되었다는 소식을 전해 들을 수 있었다. 용의자는 57세의 사내와 아들이었는데, 두 사람은 수십 년 동안 100마리가 넘는 호랑이를 죽였다고 했다.

파우나 앤드 플로라 인터내셔널에서 밀림 범죄 조사관으로 일하는 픅 라마드 카시아 덕분에 더 강력히 법이 집행되었다. 때로 픅 라마드 카시아는 모습을 감추었다가, 사슴을 밀거래한 사람이나 불법 벌목꾼, 호랑이 밀렵꾼 혹은 호랑이 가죽을 찾아다니는 사람에 대한 증거를 확보해서 1~2주 만에 다시 나타나곤 했다. 그는 지역 주민과 함께 버스를 타고 이동하면서 자질구레한 이야기를 나누고 소문을 들으면서 정보를 수집했다. 그러면서 정보망을 키워나갔다. 그 덕분에 마을 지도자는 정보를 알려주려고 정기적으로 파우나 앤드 플로라 인터내셔널 사무실에 모습을 비쳤다. 현재 대중매체에서는 수백 건이 넘는 체포와 판결을 촉구하며 정부 기관의 일처리에 촉각을 곤두세우고 있다. 범법자 대부분은 벌목꾼이었다. 쓰나미 이후로 건물을 재건하기 위해 목재 수요가 급증한 탓이었다. 그리고 특별 전담반은 경찰과 협력해서 호랑이 밀렵과 밀거래 전과가 있는 사람을 위주로 검거 작업을 펼치고 있다.

수마트라 섬 전역의 국립공원 대부분에서는 법 집행이 거의 이루어지지 않는다. 스미스는 좀 더 많은 인력과 법 집행을 위한 자원이 마련되어야 한다고 말한다. 케린치 세블랏 국립공원처럼 법 집행이 눈에 띄게 잘 이루어지는 곳도 있다. 그곳은 인도네시아에서 가장 치안이 좋은 곳으로 호랑이에게 아주 중요한 본거지이기도 하다. 그러나 그곳에도 문제는 있다. 호랑이와 인간 사이에서 완충지 역할을 하는 국립공원 경계선을 따라 수백 개 이상의 마을이 들어선 것이다. 마을 주민 중 상당수가 국립공원 안에서 사냥하고 광물을 채취하고 농사를 짓고 벌목을 일삼고 있다. 여러 가지 힘든 문제가 있지만, 케린치 세블랏 국립공원 내 호랑이 개체 수는 안정적이다. 호랑이 보호 및 보존을 전담하는 특수 경비대 '호랑이 팀'의 강력한 보호 덕분이다.

지난 2000년에 설립된 '두 발은 땅에, 눈은 숲에'라는 슬로건을 내건 특수 경비대는 파우나 앤드 플로라 인터내셔널에서 호랑이 보호 사업을 맡은 데비 마터의 작품이다. 호랑이 팀 사업은 좀 더 강력하게 규제하고 싶었고, "몇 달 동안 동료들과 밤늦도록 회의를 거듭한 뒤에" 이를 추진할 수 있었다고 마터는 말한다. 그는 호랑이 생가죽을 파는 장사꾼을 2번이나 경찰에 신고했지만 전혀 소용없었다. 케린치 세블랏 국립공원 경비대원은 훈련도 제대로 되어 있지 않은 데다 장비도 허술하기 짝이 없었다. 범죄 증거를 수집하는 데 전문성도 떨어지고 정보도 전혀 입수하지 못했다. 마터는 "공원 측에서 야생동물 밀렵이 일어나도 전혀 반응을 보이지 않았기 때문에 경찰도 그 정도는 눈감아줄 수 있다고 여긴 모양이에요. 그래서 밀렵은 위험도 적고 돈은 많이 벌 수 있는 일이 되었습니다"라고 말한다. 게다가 케린치 세블랏 국립공원은 4개 주에 걸쳐 있어 자치 정부의 관할권도 명확하지 않았다. 마터는 호랑이와 비슷한 처지에 놓인 몇 남지 않은 수마트라코뿔소를 지켜내기 위한 특별 전담 팀이 필요하다는 사실도 깨달았다.

18개월 동안 파우나 앤드 플로라 인터내셔널에서는 현지인을 산림 감시원으로 모집해서 공원 관계자와 산림전담경찰과 함께 밀림 순찰 업무에 투입했다. 2달 후, 산림 감시원은 최초로 호랑이 밀렵꾼을 체포했다.

잠비, 타만 림보 동물원에서 다라 아리스타가 관람객의 사랑을 받던
18년 된 수마트라호랑이 실라의 사진을 들고 우리 앞에 서 있다.
이틀 전, 밀렵꾼 1명이 실라가 살던 우리를 부수고 들어가 실라를 죽였다.
범인은 버스에서 체포되었고, 고작 100달러를 받고 호랑이를 죽였다고 자백했다.

아체 주 산림 감시원이 개를 산 채로 호랑이 미끼로 넣어둔 덫을 발견했다.
수사 결과, 호랑이를 100마리 넘게 밀렵해온 것으로 보이는 아버지와 아들을 체포했다.

그 이후로 호랑이 팀은 탄탄한 정보망을 확보하고 긴밀하고도 치밀하게 숲 순찰 작업을 지속적으로 벌이고 있다. 산림 감시원은 호랑이 밀렵이나 밀거래 32건을 적발했으며, 업무의 폭을 좀더 넓히며 다양한 환경 파괴 행위를 단속 중이다. 2012년 4월, 산림 감시대에서 국립공원 경계선과 인접한 마을의 야비한 촌장 2명을 체포한 일은 인도네시아 전역에 알려졌다. 체포된 촌장은 공원 관계자를 집으로 불러 대접하는 등 겉으로는 산림 감시대 사업을 지지하는 척했다. 그런데 뒤로는 밀렵꾼에게 돈을 대 주고 잡아온 호랑이를 지역 상인에게 팔아넘기는 일을 하고 있었다. 산림 감시대는 지역 의회 의장까지 체포했는데, 10년 전이었다면 어림도 없는 일이었다.

산림 감시대와 마터 모두 용의자를 감시하고 범죄 증거를 확보하기 위해 위장 수사를 벌인다. 10년 전쯤, 마터가 케린치 세블랏 국립공원에서 몇 시간 정도 떨어진 호텔에 머무를 때였는데 어떤 남자 둘이서 호랑이 가죽을 안전하게 밀반출하는 방법에 대해 논쟁을 벌이는 것을 우연히 듣게 되었다. 그들은 결국 체포되었다. 그리고 몇 년 전, 마터가 호텔 로비에서 엿들은 대화는 예전과는 완전히 달랐다고 한다. 남자들이 호랑이 가죽을 구하기가 어렵다고 불평을 늘어놓더라는 것이다. 마터는 그때 일을 이렇게 말했다. "그런 차에 그들 두목이 전화를 한 모양이에요. 불량스러워 보이는 남자들이 '두목, 잘 모르시나 본데요, 여기도 예전 같지 않아요. 잡혀간 사람이 수도 없어요. 이제 다들 호랑이 밀렵을 겁낼 정도라고요'라고 대답하는 것을 듣고 기분이 아주 좋았습니다."

지난 12년 동안 산림 감시대 '호랑이 팀'은 작은 동물용 올가미 4590개와 호랑이용 올가미 139개라는 어마어마한 양을 밀림에서 제거했다. 케린치 세블랏 국립공원 내 호랑이 수는 2006년

136~144마리 정도에서 현재 166마리로 늘어났다. 그러나 호랑이 팀은 규모가 아주 작다. 비무장 산림 감시원이 24시간 쉬지 않고 밀렵의 위협에 맞서 약 1만3700제곱킬로미터가 훨씬 넘는 공원 전역을 순찰하고 있다. 지난해, 산림 감시대는 호랑이를 잡으려고 눈에 띄지 않게 단단히 설치해 둔 호랑이 올가미를 20개나 찾아내 없앴다. 10년 동안 가장 많은 양이었다. 판테라 사에서는 마터와 힘을 합쳐 케린치 세블랏 국립공원 내에서 좀더 강력하게 보호할 필요가 있는 2~3군데 중요한 서식지를 가려내는 작업을 하고 있다. 정확하게 자료를 수집하고 호랑이 상태를 자세히 감시할 수 있도록 소프트웨어를 보강하는 것도 작업의 한 부분이다.

호랑이 팀은 다른 호랑이 보호구역에서 보고 배워야 할 모델이다. 스미스는 이렇게 말한다. "우리가 보호 작업의 수준을 지금 당장 높이지 않는다면 앞으로 호랑이를 위해 할 일이 별로 없을지도 모릅니다." 미국 어류 및 야생 생물국USFWS에서는 산림 지역 경비를 위해 10년 넘게 자금을 모았고, 2014년에는 추가적으로 국제기금이 조성될 예정이다. 판테라 사에서도 2012년에만 루세르~울루 마센 지역, 케린치, 브르박 국립공원에서 호랑이 상태를 감시하고 강력한 보호 정책을 펼치기 위해 50만 달러를 지원했다.

스미스는 호랑이 수가 충분해서 개체 수를 더 늘려갈 수 있는 지역을 보호하는 노력을 기울여야 하며, 이것이 장기간 지속되어야 한다는 점을 강조한다. 그는 이렇게 주장한다. "지금 단계에서는, 호랑이가 야생 상태에서 살게 하려면 번식할 수 있는 건강한 호랑이가 살고 있는 지역에 자원을 쏟아부어야 합니다." 보호를 받을 수 있는 조건을 갖춘 호랑이를 인간이 선택하고, 미래를 위한 자원을 선택한 호랑이에게만 집중하는 것은 다소 위험한 결정일 수 있다. "여러 가지 면에서 우리는 지금 수마트라호랑이를 위해 최후의 투쟁을 벌이고 있습니다." 스미스가 덧붙인다.

거대한 수마트라 섬 전역을 2달 동안 왔다갔다하다보니 책에 실을 만한 수마트라호랑이 사진을 챙기지 못하고 돌아왔다. 나는 집으로 돌아온 지 5주 후에 마디가 보내준 사진 2장을 이메일로 받았다. 빈 춧과 내가 함께 설치한 카메라 트랩에 찍힌 사진이었다. 사진을 보기 전부터 잔뜩 겁이 났는데, 보고 나서는 눈물을 흘릴 뻔했다. 갈기가 완벽하게 자란 수컷 호랑이가 카메라 렌즈를 똑바로 쳐다보고 있었다. 단단한 뿌리가 이리저리 마구 뻗어나온 큰 나무 앞을 밤에 지나다가 찍힌 사진이었다. 수컷 호랑이는 정말이지 너무나도 아름다운 생물이었다. 웃음이 절로 나왔다. 마침내 호랑이 사진을 찍을 수 있도록 해준 사람은 전직 호랑이 밀렵꾼이었다.

호랑이 과학

다른 호랑이가 영역 표시를 해둔 나무 위에
소변을 보려는 인도차이나호랑이가 카메라 트랩에 찍혔다.

암컷 호랑이가 젖소의 숨통을 끊어놓았다. 연구원들은 전날 나무를 베어낸 개간지에 젖소를 미끼로 가져다놓았다. 젖소가 죽은 후 주위에 연구원들은 올가미를 빙 둘러 설치했다. 그런 다음 암컷 호랑이가 고기를 먹으러 돌아와서 가장 맛이 좋은 부위를 먹다가 잡히기를 기다렸다. 보통 호랑이는 먹잇감 사체로 다시 돌아오는 습성이 있다. 그 전날부터 기온이 섭씨 43도까지 올라갔기 때문에, 나는 저녁 식사를 마치고 화재 위험이 없는지 살피며 야영지에 남아 있었다. 나는 조수 조 리스와 후아이카캥 야생동물 보호구역에서 호랑이에 대해 연구하고 있는 타이 호랑이 조사단 대표인 사끄싯 심차른과 아차라 심차른 부부와 함께 앉아 있었다. 사진을 촬영할 때 사용할 장비는 픽업트럭 짐칸에 수의학 물품과 함께 실어놓았다. 준비 완료!

사끄싯이 정오쯤 무전으로 젖소의 상태를 알려주었다. 나는 연구원과 함께 재빨리 지프차를 타고 호랑이보다 더 빨리 도착하기 위해 열대우림과 넓은 초원 사이로 난 바퀴 자국 가득한 진흙길 위를 달렸다. 2시간 후, 우리는 텐트를 쳤다. 호랑이 영역 안에서 야영하는 일은 늘 위험하다. 사실 이곳은 코끼리의 공격이 더 걱정되었다. 특히 최근에는 무리에서 홀로 떨어져 나온 몹시 사납고 거친 수컷 코끼리가 젊은 연구원을 포함해 5명을 죽인 사건도 있었다. 코끼리는 철저하게 몸을 숨기고 기다리다가, 사람과 차를 덮치고 공원 주변에 있던 농부를 뒤쫓아갔다.

조사단은 올가미에서 발생하는 신호를 관찰하면서 젖소가 있는 장소를 자주 살펴보았다. 올가미에 무엇인가가 걸리면 규칙적으로 울리는 일정한 신호음 대신 빠른 신호음이 들려올 것이다. 8시 30분쯤, 트럭이 떠나갈 듯 신호음이 울려 퍼졌다. "호랑이를 잡았습니다!" 연구원이 타이어로 크게 외쳤다. 누군가가 영어로 다시 크게 말해주었다. 나는 조사단과 함께 픽업트럭 2대에 되는대로 올라탔다. 조와 나는 짐칸으로 뛰어올랐다.

가까이 갈수록 귀청이 터질 정도로 우렁찬 호랑이 울음소리가 숲이 떠나가라 울려 퍼졌다. 모골이 송연했다. 사끄싯이 호랑이가 올가미에 발가락만 겨우 걸린 것은 아닌지 확인하려고 불빛을 비추어보았다. 호랑이는 올가미에 단단히 묶여 있었다. 암컷 호랑이였다. 암컷 호랑이는 연구원이 다가가자 으르렁거리며 사납게 달려들 기세였다. 곧 이유를 알아챌 수 있었다. 새끼 호랑이가 함께 있었다. 아차라가 머리를 차창 밖으로 내밀더니, 짐칸에 앉은 나를 향해 큰 소리로 외쳤다. "차 안에 있어야 해요. 호랑이가 올가미를 끊어버리거나 빠져나오기라도 하면 당신을 잡으러 갈지도 모르니까요." 연구원들이 마취제를 묻힌 화살을 준비하자, 아차라가 차 안에 탄 채 호랑이를 향해 쏘았다. 그런 다음 마취제를 아주 조금만 묻힌 화살을 하나 더 준비해서 새끼 호랑이에게도 쏘았다. 어미 호랑이는 10분 만에 완전히 마취되었다. 4~5년생 정도 되는 암컷 호랑이로 젊은 편이었다.

연구원 8명이 어미 호랑이 주위에 무릎을 꿇고 빙 둘러앉아 작업을 시작했다. 머리에 긴 헤드램프가 호랑이를 비추었다. 연구원 전원이 수술 장갑을 끼고 호랑이를 다루었다. 어미 호랑이는 7센티미터가 넘는 백옥같이 하얀 송곳니 사이로 혀를 축 늘어트린 모습이었다. 마취 상태의 어미 호랑이는 눈을 빤히 뜨고 있었지만 불빛을 비추어도 눈을 깜빡거리지 않았다. 눈을 보호하려고 연구원 1명이 호랑이의 금빛 눈에 연고를 발라주었다. 다른 연구원은 심박수와 호흡을 관찰했다. 그 외 여러 명은 어미 호랑이의 체온이 오르지 않도록 쉬지 않고 물을 끼얹는 한편, 3명은 부채질을 했다.

호랑이를 잡는 모습은 수십 번 보았지만, 조사단이 능률적으로 작업을 진행하는 모습에 감탄이 절로 나왔다. 전원이 하나가 되어 동시에 움직이는데 자동차 경주에 출전한 선수같이 재빨랐다. 피와 소변을 뽑고 DNA 검사를 할 털도 채취했다. 어미 호랑이의 몸길이와 몸통 둘레, 꼬리 길이, 거대한 발 크기, 어마어마한 두개골 크기도 측정했다.

나머지 연구원은 새끼 호랑이에 대한 자료를 모았다. 새끼는 수컷이었고 태어난 지 5개월 정도밖에 되지 않아서 몸집은 작았지만, 몸무게가 40킬로그램 정도로 아주 튼튼했다. 연구원이 살펴보는 동안 새끼 호랑이가 마취에서 깨어나 뒹굴다가 바닥에 드러눕더니 근처에 누워 있는 어미를 발견하고 꿈틀대기 시작했다. 새끼 호랑이는 어미 옆으로 돌아가고 싶은 생각뿐인 듯했다.

어미 호랑이의 무게를 재기 위해 남자 넷이 겨우 들어서 저울 위로 옮겼다. 한쪽 귀에 찢어진 상처가 있었지만, 어미 호랑이는 전체적으로 아주 건강했다. 윤기 흐르는 털과 금빛이 도는 두 눈이 놀랍도록 아름다웠다. 호랑이를 이렇게 가까이에서 보기는 난생처음이었다.

작업을 모두 끝내고, 아차라는 어미 호랑이 목에 위치 정보 송신기가 달린 도톰한 검은색 가죽 목걸이를 단단하게 채웠다. 계획대로라면 앞으로 5개월간 목걸이에 달린 위치 정보 송신기에서 매시간 보내는 신호를 받아 노트북 컴퓨터로 어미 호랑이의 이동 경로를 추적할 수 있을 것이다. 조사단이 암컷 호랑이를 대상으로 6년 동안 진행하고 있는 연구 중 일부로, 행동 영역과 먹잇감 종류와 수의 관계를 파악하는 작업이었다. 1년이 지나면 목걸이는 저절로 풀린다.

조사단은 작업을 모두 끝내고 어미 호랑이를 안전한 곳으로 옮긴 다음 새끼 호랑이를 옆에 데려다놓았다. 새끼 호랑이는 어미 품으로 파고들더니 꼼짝도 하지 않았다. 나는 조사단과 함께 트럭에 다시 탄 후 시계를 보았다. 총 42분밖에 걸리지 않았다. 연구원 몇 명은 아직 마취에서 깨지 않은 어미 호랑이 옆에 차를 세우고 있었다. 어미 호랑이가 마취에서 완전히 깨어나 숲 속으로 안전하게 돌아갈 때까지 코끼리의 공격에서 보호하기 위해서였다.

나는 대낮에 호랑이를 잡는 모습을 촬영하고 싶었다. 사끄싯은 보호구역 곳곳에 있는 불교 사원에 들러 기도를 올려보라고 했다. 나는 사원에 들러 그날 딱 하나 남은 음료수 캔을 제단에 올리고 배운 대로 기도했다. 안전하게 호랑이를 잡게 해주시고 호랑이를 연구하는 조사단을 도와주시고 호랑이를 잘 알 수 있게 해달라는 기도였다. 다음 번에도 호랑이는 밤에 잡혔다. 누가 싱하 Singha(타이 맥주)라도 올렸어야 했다며 농담을 건넸다. 그랬어야 했나 보다. 다음 날 아침 5시, 해가 뜰 무렵 암컷 호랑이가 또 올가미에 걸렸다. 조사단이 호랑이를 마취시킬 화살을 준비하는 동안, 사끄싯이 내 쪽으로 몸을 돌리더니 활짝 웃으며 말했다.

"제단에 맥주를 올렸군요. 그렇지요?"

사끄싯은 올가미에 걸린 호랑이를 살펴보다가 새끼를 가졌다는 사실을 발견하고는 더욱 환하게 미소 지었다. 임신 중인 암컷 호랑이는 매우 중요한 연구 대상이 될 것이다.

그곳에서 나는 조사단과 함께 밖으로 나가 보호구역 곳곳에 카메라 트랩을 설치했다.

삼바가 타이 후아이카캥 야생동물 보호구역 안에 있는 개울을 건넌다.
삼바를 비롯해 호랑이가 좋아하는 먹잇감이 많아
후아이카캥 보호구역은 호랑이가 살기에 최적의 서식지다.

암컷 인도차이나호랑이의 행동 영역과 이동 경로를 밝히기 위한 첫 연구로,
타이 생물학자는 사진 속 암컷 호랑이를 마취시키고 위성 신호 송신기가 달린 목걸이를 채웠다.
생물학자들은 올가미에 걸린 암컷 호랑이가 임신 중이라는 사실을 알아냈는데,
이는 동물 연구에 소중한 의미가 있었다.

현장 이야기 | 사끄싯과 아차라 심차른 부부
타이 야생동물 생물학자

1987년 사끄싯 심차른이 타이 후아이카캥 야생동물 보호구역에 왔을 때만 해도 황량한 미국 서부나 다름없는 상태였다. 총소리가 밤낮없이 요란스럽게 울려 퍼졌다. 사냥꾼과 벌목꾼이 숲을 사정없이 휘젓고 다녔고, 겨우 목숨을 건진 동물은 대부분 깊은 숲 속으로 숨어들었다. 사끄싯은 당시 뉴욕 동물원 협회와 함께 일하던 대형 고양잇과 동물 전문가인 앨런 라비노비츠 박사와 함께 석사 학위 논문 연구를 위해 온 참이었다. 사끄싯과 앨런은 표범과 사향고양이를 잡아서 위치 정보 송신기가 달린 목걸이를 채우고 이동 경로를 관찰했다. 그러나 호랑이는 한 번도 잡지 못했다. 타이는 물론 아시아 전역에서 호랑이 수가 줄어들던 시기였다.

대학원을 졸업한 후, 사크시트는 후아이카캥 내에 위치한 타이 왕립 산림부 산하 카오낭룸 야생동물 연구소 소장으로 일하게 되었다. 1993년에 대학에서 야생동물 관리를 전공한 아차라 펫디가 사끄싯의 조수로 근무하기 위해 연구소로 왔다. 일생의 동반관계가 시작된 순간이었다. 두 사람은 결혼했고, 호랑이를 연구하는 조사단을 만들었다. 유명한 인도 생물학자 울라스 카란트와 미네소타 대학 출신인 제임스 데이비드도 조사단에 합류했다. 그들은 카메라 트랩을 이용한 조사를 처음 시작했는데, 지금까지도 야생동물 연구에 사용되고 있다. 2007년에 후아이카캥 보호구역 내에만 60마리, 보호구역 17개가 서로 연결되어 있는 광대한 서부 밀림 지대 전체에는 120여 마리가 서식 중일 것으로 조사단은 추정했다. 인도차이나호랑이의 생존을 가능하게 해줄 희망을 품은 곳이자, 전 세계에서 호랑이 수가 두 번째로 많은 지역이기도 하다.

몇 년 전, 아차라는 박사 학위를 따기로 마음먹었다. 암컷 호랑이의 '행동 영역'에 대한 연구가

거의 이루어지지 않은 데다가 연구하고 싶은 문제가 있었기 때문이었다. 후아이카캥 야생동물 보호구역 안에서 어미 호랑이가 새끼를 먹여 살리려면 행동 영역 면적이 어느 정도나 되어야 할까? 그리고 먹잇감이 충분하다고 가정할 때, 후아이카캥 보호구역에서는 번식 가능한 암컷 호랑이가 얼마나 많이 살 수 있을까? 문제에 대한 답을 밝혀내려고 심차른 부부는 조사단과 함께 호랑이 먹잇감 수를 자세히 조사하고 암컷 호랑이의 이동 경로를 관찰했다.

조사를 시작한 뒤 1년쯤 지나서, 아차라는 셋째 아이를 임신했다. 당시 첫째 아이는 9살, 둘째는 6살이었다. 임신 8개월부터 셋째 딸 나와빠스가 태어나 4개월이 될 때까지 아차라는 밀림 한복판에서 야영하며 지내기 일쑤였다. 그동안 아차라는 암컷 호랑이 6마리를 잡아 마취하고 위성 신호 송신기가 달린 목걸이를 채워주었다. 아차라는 야생 호랑이를 잡아서 목걸이를 채울 수 있는 유일한 여성 연구원일 것이다.

사끄싯과 아차라는 곧 연구 결과를 발표할 계획이다. 암컷 호랑이의 행동 영역은 평균 70제곱킬로미터 정도로 꽤 넓었다. 먹잇감이 부족한 상태였으므로 의외의 결과는 아니었다.

후아이카캥 보호구역에는 번식 가능한 암컷 호랑이 50여 마리가 서식 중이며, 2년 반마다 1번 새끼를 3마리 정도 낳고 있지만 호랑이 개체 수는 늘어나지 않고 있다. 새로운 연구를 통해 원인을 밝혀낼 수 있을 것이다. 현재 조사단은 갓 성체가 된 젊은 호랑이에게도 목걸이를 채워 이동 경로를 관찰하고 있다. 호랑이는 태어난 지 2년 정도 지나면 영역을 굳히고 독립적으로 생활한다. 호랑이 행동 습성 중 가장 이해하기 힘든 점 중 하나이기도 하다.

아차라는 "호랑이는 아무도 모르게 비밀스러운 생활을 합니다"라고 말한다.

후아이카캥 보호구역에서는 최신 기술을 갖춘 경비대가 밀렵꾼을 단속하고 있지만, 인접한 다른 보호구역에서는 후아이카캥만큼 단속이 제대로 이루어지지 않는 실정이다. 다음 단계는 호랑이가 후아이카캥 보호구역 경계선을 넘으면 어떤 일이 일어나는지 밝히는 것이다. 4개 주 조사를 맡은 책임자로서 사끄싯은 더 넓어진 밀림 지대 안에 있는 국립공원 2곳에 카메라 트랩을 설치해 다른 지역에서와 마찬가지로 좀더 폭넓은 조사 작업에 착수했다.

"이 연구는 호랑이를 보호하는 데 도움이 될 수 있을 겁니다. 그리고 연구를 계속 이어나가기 위해서 차세대 연구원을 훈련시키고 있습니다." 사끄싯이 말하자, 아차라가 덧붙였다.

"호랑이 생태를 알지 못한다면 어떻게 호랑이를 보호하겠습니까?"

나는 후아이카캥 보호구역에 이미 2번이나 와본 적이 있었다. 1년에 한 번씩 열리는 판테라 사의 '호랑이여 영원하라' 사업 정기회의에 참석하기 위해서였다. 각 호랑이 서식지에서 연구 중인 호랑이 전문가가 한자리에 모이는 행사였다. 후아이카캥 보호구역은 타이에 몇 남지 않은 보석 같은 곳이었다. 밀림 지대 대부분을 고립된 섬처럼 만들어버리는 개발 사업이 빠르게 진행되고 있는 타이에 남은 가장 넓은 자연 그대로의 보호구역이었다. 1961년만 해도 타이는 국토의 57퍼센트가 숲이었는데, 1989년이 되자 28퍼센트밖에 남지 않았다. 언론에서는 타이 산림부에 '나무 밑동부'라는 새로운 별명을 붙일 정도였다.

게다가 타이에는 1960년까지 야생동물이나 국립공원에 관련된 법률이 전혀 없었다. 현재는 300개가 넘게 보호구역이 지정된 상태이지만, 대부분 예산이 부족하고 운영이 제대로 이루어지지 않는 곳도 많다. 보호구역 중 호랑이가 서식 중인 곳은 25군데에 지나지 않으며, 그나마도 몇 마리 되지 않는 실정이다. 규모가 작은 보호구역 중 많은 곳이 '텅 빈 숲'으로 변하고 있다. 몸집이 큰 동물은 물론 생명이라고는 전혀 찾아볼 수 없는 겉만 번드르르한 황무지나 다름없다. 1992년이 되어서야 희귀동물 15종을 특별히 보호할 수 있는 새로운 야생동물 보호법이 마련되었다. 그러나 호랑이는 희귀동물 15종 안에 들지 못했다.

면적이 5120제곱킬로미터에 달하는 후아이카캥 보호구역 내에 다양한 동물이 많이 살고 있다는 이유로 보호법에서 제외된 것이었다. 후아이카캥 보호구역은 방콕에서 서북쪽으로 298킬로미터가량 떨어진 드넓은 서부 밀림 지대 한가운데에 위치한다. 밀림 지대 내 17곳의 보호구역은 서로 연결되어 인접한 또 다른 국립공원이 있는 미얀마 국경 인근 테나세림 산맥까지 이어진다. 모두 합하면 동남아시아에서는 가장 넓은 자연 보호구역으로, 옐로스톤 국립공원의 2.5배에 달한다.

후아이카캥은 몇십 년 전만 하더라도 상태가 말이 아니었지만, 현재는 성공적인 본보기가 되었다. 현재 번식이 가능한 암컷 인도차이나호랑이 60여 마리가 서식 중이며, 인근 밀림 지대 전체에는 150여 마리가 서식 중이다. 다른 지역에서도 20년 이상 집중적으로 호랑이를 조사한 결과, 인도차이나호랑이의 상태가 몹시 심각하다는 사실을 밝혀냈다. 지역 분쟁이라는 험난한 역사 속에 계속된 사회 불안정과 정치적 부침이 그 원인이었는데, 비밀에 싸인 호랑이를 연구하는 현실도 문제였다. 안남 산맥에서도 호랑이의 흔적은 발견되었지만, 가장 최근 베트남에서 호랑이가 모습을 드러낸 것도 벌써 몇 년 전 일이다. 라오인민민주주의공화국(라오스의 정식 명칭―옮긴이)에서는 곧 멸종될 것이다. 미얀마에 남은 호랑이의 정확한 수는 파악되지 않았고, 캄보디아에서는 최근 호랑이가 멸종되었다고 공식적으로 선포했다.

야생동물보호협회 소속 생물학자 토니 리남은 타이·미얀마에는 총 7~8군데, 그리고 말레이시아에는 2군데 이상의 서식지가 있을 것으로 계산했다. 토니 리남은 성공할 가능성이 다소 높은 서식지 몇 군데에 남은 인도차이나호랑이를 보존하는 사업에 드는 비용을 1년에 2100만 달러로 예상했다. 정부와 비정부기구에서 부담할 수 있는 비용은 4분의 1 정도에 불과하다. 이미 타이 정부에 여러 차례에 걸쳐 문제를 제기하고 보호 정책을 마련하라고 요구하고 고위층과 면담했는데도, 문제가 해결될 정도로 충분히 대화가 이루어지지 않았다. 인도차이나호랑이는 멸종 선상에 오른 다음 후보다.

　후아이카캥은 인도 외 지역에서는 수십 년 동안 안정적이고 지속적으로 호랑이 조사를 진행한 유일한 국립공원이다. 내가 2010년에 후아이카캥 보호구역에 있을 당시, 과학자들은 24년 동안 호랑이의 이동 경로를 관찰하고 연구하면서 16년 전부터 카메라 트랩을 연구에 이용하고 있었다. 1986년 당시 앨런 라비노비츠(뉴욕 동물원 협회에서 일하고 있었다)는 파이로테 수반나콘이 초청하여 후아이카캥 야생동물 보호구역 내에 서식 중인 야생 호랑이를 비롯한 다른 포식자 동물에 대해 자세히 조사하기 위해 타이에 왔다. 타이에서는 최초로 실시하는 조사였다. 파이로테는 14년 전부터 야생동물 보호구역을 반드시 설치해야 한다고 강력하게 주장했다. 현재 왕립 산림부 최고 책임자인 파이로테는 숲 '활용' 문제에 대해 점점 거센 압력을 받고 있다. 그러나 호랑이 같은 대형 고양잇과 동물은 넓은 서식지가 필요하다는 연구 자료를 바탕으로 꾸준히 보호 사업을 펼쳐야 한다고 주장한다.

　새로운 무선 전파 송수신 기술이 발전하면서 호랑이에 대한 정보를 계속 수집할 수 있게 되었다. 앨런은 최초로 위치 정보 송신기가 달린 목걸이를 호랑이에게 채워 헤드폰과 1960년대에 사용하던 TV 안테나와 꼭 닮은 것을 이용해 신호를 추적하며 호랑이의 움직임을 관찰하는 조사를 시작했다. 앨런은 2년 동안 후아이카캥 보호구역에서 표범을 잡아 목걸이를 채운 적은 있지만, 호랑이를 잡아보지는 못했다. 보호구역 내에서 여러 종이 함께 서식할 수 있기는 하지만 많은 숫자가 함께 살 수는 없다. 표범 개체 수가 많다면 호랑이 개체 수는 거의 없다는 뜻이다. 앨런은 강이 흐르는 외딴 골짜기에서 호랑이의 흔적을 더 많이 발견했다. 골짜기에는 호랑이가 좋아하는 먹잇감인 삼바와 들소와 인도물소 등 몸집이 큰 발굽 동물이 많이 살고 있었다.

위 타이를 포함한 몇몇 국가에서 중무장한 밀렵꾼이 호랑이를 도살하는 일이 만연하면서
숲을 순찰하는 일도 특공대 작전을 방불케 한다.
아래 호랑이 밀렵 방법이 전쟁보다 더 끔찍한 경우도 있다. 냄새나 맛이 전혀 나지 않는
보라색 살충제인 카보퓨란을 미끼에 섞어 호랑이를 독살하기도 한다.

　장기간 이어진 밀렵으로 후아이카캥 보호구역은 몰락했다. 중무장한 외부인, 즉 도시 사람, 경찰 및 군인이 야생동물의 신체 부위나 특이한 새 또는 아기 원숭이같이 애완동물로 값비싼 동물을 노렸기 때문이다. 벌목꾼 역시 나무를 베어낸 숲에서 사냥을 했다. 대기업과 정치인이 '벌목 허가권' 혹은 '숲 가꾸기 사업' 같은 합법적인 구실을 제공해준 덕분이었다. 1973년에 이와 관련된 기사가 신문 헤드라인을 장식했다. 군 고위 장교, 부유한 사업가, 영화배우가 함께 퉁야이 숲(후아이카캥 보호구역과 붙어 있다)에서 불법으로 사냥을 마치고 군용 헬기를 타고 돌아오다가 추락한 사건이었다. 그들이 사냥한 멸종 위기에 처한 희귀동물 사체가 비행기 잔해 속에서 발견되었다. 그 사건을 계기로 타이 국민은 불법 벌목과 채굴로 숲이 훼손되는 일은 막아야 한다고 거세게 반발하면서, 퉁야이 숲은 얼마 지나지 않아 야생동물 보호구역으로 지정되었다.

　그러나 후아이카캥 보호구역이 몰락하게 된 데는 공원 내에 사는 고산 부족도 한몫했다고 볼 수 있다. 보호구역에는 대략 3000~5000명 정도 되는 몽 족이 살고 있었다. 무자비한 사냥꾼으로 악명 높은 몽 족은 18세기에 중국에서 이주한 소수민족이다. 그 밖에도 주로 미얀마에 거주하는 카렌 족 수천 명이 살고 있다. 고산 부족이 야생동물을 사냥한 흔적은 곳곳에서 쉽게 눈에 띄었다. 마카크원숭이 두개골이 카렌 족 오두막 입구에 걸려 있었고, 코끼리 상아와 사슴뿔은 몽 족 제단 위에 올려져 있었다. 사슴과 다른 동물을 훈제 처리하기도 했다.

　더 큰 피해는 나무를 함부로 베어내고 야생동물 고기를 즐겨 먹는 보호구역 인근 마을 주민 때문에 발생했다. 보호구역 경비대는 아무 때고 동물이 소금기를 섭취하러 오는 늪이나 수로 근처에서 잠복하면 밀렵 용의자를 적어도 60명은 거뜬히 잡을 수 있었다. 무기를 사용할 수 있는 경비대는 그리 많지 않았지만, 그나마도 박물관에서나 볼 법할 케케묵은 구식 무기를 사용했다. 경비대가 할 수 있는 일은 거의 없었다.

앨런은 타이 현지인의 종교가 불교인데도 동물을 함부로 죽이는 모순된 행동을 저지르는 이유가 궁금했다. 그들은 동물을 죽이는 일이 미물까지도 존중하라고 한 부처의 가르침에 어긋난다는 사실을 잘 알고 있다. 그러나 동물이란 인간이 활용하기 위해 생겨났다고 주장하면서 동물을 마구 죽이는 행동을 정당화했다. 그들은 완프라Wan Phra라고 하는 불교 법회가 있는 날, 즉 초승달, 보름달, 반달이 뜨는 날에만 사냥을 하지 않는다. 사냥한 날에는 부처나 승려에 관한 이야기조차 꺼내지 않고, 가부좌를 틀고 앉지도 않는다. 그들은 어린 동물(자신이 총을 쏘아 죽인 어미의 새끼)을 근처 사원에 바치거나 고기 중 가장 좋은 부위를 매일 탁발하러 다니는 승려의 그릇에 담아주면 동물을 사냥한 업보를 '씻을' 수 있다고 여긴다.

타이에는 야생동물을 거래하는 큰 시장이 있었다. 1987년에 타이 정부가 멸종 위기에 처한 동물 5000종의 거래를 단속하겠다고 선언했지만, 방콕에서 열리는 가장 큰 주말 시장은 새, 뱀, 야생 고양이에 이르기까지 동물이 갇힌 우리로 가득했다. 고작 3킬로미터밖에 떨어지지 않은 곳에 동식물 및 생태계 관리부가 있는데도 말이다. 주요 신문의 '외식' 코너에는 아직도 야생동물 고기를 요리해 파는 식당에 대한 극찬이 실릴 정도다.

후아이카캥 보호구역에서 상황은 갈수록 심각해지고 있다. 야영지 바로 근처에서 들려오는 요란한 총소리 때문에 앨런은 한밤중에 잠을 깨기도 했다. 앨런이 위치 정보 송신기를 채워놓은 동물이 움직임이 전혀 감지되지 않은 채 사라져버리는 일도 있었다. 그는 직접 오토바이를 몰고 죽창 덫이 설치된 장소로 보호구역 관리 직원과 함께 호랑이를 찾으러 갔다가 죽창에 발이 찔려 심각한 부상을 입었다. 방콕 병원에서 수술하고 회복하는 데 2주가 걸렸다. 당시 앨런과 석사 학위 논문을 위해 함께 연구하던 사끄싯은 밀렵꾼 무리를 우연히 발견하기도 했지만, 어두워질 때까지 몸을 숨기고 있다가 몰래 현장에서 빠져나올 수밖에 없었다. 사냥꾼과 벌목꾼을 집요하게 뒤쫓던 산림부 간부 1명이 살해되어 숲 속에 버려진 적이 있었기 때문이었다. 경비대원 2명이 몽 족 밀렵꾼과 총격전을 벌이다 사망하기도 했다. 모두 파이로테가 보호구역 내 소수민족을 보호구역 밖으로 이주시킨 지 몇 달 지나지 않아 일어난 사건이었다.

서서히 진행되었지만 이제는 목전에 닥친 시급한 문제가 또 있었다. 바로 남 초안 댐 건설 계획으로 호랑이가 집중적으로 서식 중이던 무려 74킬로미터에 이르는 저지대 하곡 유역이 모조리 수몰될 위기에 처한 것이다. 당시 타이 총리실에서는 댐 건설에 반대하는 사람을 "총기 밀수업자, 사냥꾼, 공산주의자"라고 비난했다. 전국적으로 댐 건설 반대운동이 격렬하게 일어났는데도 타이 정부는 국내외로 체면을 세우고자 환경보호에는 전혀 도움이 되지 않는 댐 건설을 강행했다.

앨런은 1989년에 후아이카캥 보호구역 조사를 끝내고 호랑이를 비롯한 야생동물 모두가 살아 남으려면 무슨 수를 쓰더라도 그곳을 보존해야 한다는 데 파이로테와 뜻을 모았다. 파이로테는 즉각 행동에 나섰다. 파이로테는 산림부 장관을 찾아가 해결 방법을 청했다. 파이로테가 행동에 나선 지 6개월 만에 고위직 경찰 간부와 유명 사업가, 정부 관료, 정치인 5000여 명이 댐 건설 관련 비리로 체포되었다. 또 그는 후아이카캥 보호구역 경계선과 맞닿은 숲 지대를 완충 지역으로 전환하는 일도 시작했다. 애초에 논란의 여지가 많은 계획이었다. 그리고 존경받는 원로 야생동물 연구원인 세웁 나카사티엔에게 산림부와 함께 후아이카캥 보호구역 사업을 마무리하는 책임자 자리를 맡아달라고 부탁했다.

야생동물 생물학 연구에서 손을 떼려던 참이었지만, 세웁은 1년간 일을 맡기로 했다. 세웁은 영구적으로 이 지역을 보호하기 위해 영국 생물학자 벌린다 스튜어트콕스와 함께 세계자연유산으로 등재해줄 것을 공동으로 신청했다. 세웁은 공원 전역을 유린하는 밀렵꾼을 추적하다가 군인이 관련되어 있다는 사실을 발견하고, 군에서 시행 중이던 '전략적인 숲 경비대 훈련'을 즉각 중단시켰다. 숲 경비대가 아니라 실은 밀렵꾼이었던 셈이었다. 세웁은 넓은 벌목장을 발견하면 비디오 촬영 기술자와 함께 벌목꾼이 나무를 가지러 돌아올 때까지 숨어서 기다렸다. 그리고 나무를 실어 나를 때 경찰차를 이용하는 것을 잡아내서 경찰이 벌목에 관여한 사실을 취재했다. 이런 사건이 흐지부지 묻히는 일은 있을 수 없었다. 벌목장 실태를 촬영한 장면이 국영 TV를 통해 보도되었다. 세웁은 살해 위협을 받고 방탄조끼를 구입해야 할 정도였다. 그렇지만 세웁에게는 자금과 인력, 뒤를 봐줄 고위층 인사의 지원이 턱없이 모자랐다. 부패할 대로 부패해서 위험한 상황이었다. 게다가 그는 밀림이 점점 사라지고 자신이 사랑하던 동물이 계속 죽어가는 현실을 보며 깊은 절망감에 사로잡혔다. 1990년 9월 1일, 한밤중에 세웁이 살던 오두막에서 총성이 울렸다. 세웁은 스스로 목숨을 끊었다.

세웁의 자살 소식은 신문 1면을 장식했다. 세웁의 장례식에 전국에서 2000여 명에 달하는 조문객이 몰리면서 세웁이 추진하던 숲 보호 정책에 힘을 보탰다. 몇 달 뒤, 유네스코는 퉁야이~후아이카캥 야생동물 보호구역을 세계자연유산 목록에 등재했다. 동남아시아 대륙에서는 최초였다. 세웁은 영웅적인 환경보호운동가가 되었고, 그의 죽음은 타이 전역의 환경보호운동에 활기를 불어넣었다. 정부 고위 관계자가 줄이어 후아이카캥 보호구역을 방문했고, 부처와 왕 외에는 동상을 세우지 않는 타이에서 타이 왕 푸미폰 아둔야뎃과 왕비 시리낏이 세웁의 동상을 세우면서 관심은 더욱 높아졌다. 환경보호 단체에서는 보호 정책을 강화하기 위해 자금을 모았다. 환경보호운동을 위한 후원금 50만 달러가 마련되자, 세웁을 기리기 위한 재단이 설립되었다.

세웁이 살던 오두막집은 원래 모습 그대로 보존되어 환경보호운동의 성지가 되었다. 세웁이 생을 마감한 침실 탁자 위에는 세웁의 딸과 공원 경비대, 야생동물의 사진이 있고, 탁자 옆에는 신발 한 켤레가 놓여 있었다.

혁신적인 보호 정책을 실시하면서, 내가 2010년에 방문했을 때 후아이카캥은 예전과는 완전히 다른 곳이 되어 있었다. 나는 유명한 보호구역 경비대 사진을 찍을 수 있도록 허가를 요청했고, 며칠 뒤 새벽녘에 '스마트 순찰대' 대원 6명을 공원 관리 본부 근처 숙소에서 만날 수 있었다. 경비대는 예전의 오합지졸이 아니었다. 그들은 산뜻한 경비대 유니폼과 번쩍번쩍 광이 나게 닦은 군화를 착용하고 벌써 하루 순찰 일과를 논의하고 있었다. 현지 정보원의 제보로 현장 조사에 나설 참이었다.

나는 경비대와 함께 차를 타고 정문으로 나가 보호구역과 맞닿아 있는 채소밭 안으로 걸어 들어갔다. 20분 만에 한 경비대원이 고랑을 따라 쳐놓은 철망으로 된 덫을 발견했다. 임시방편으로 조립한 것으로, 가느다란 관과 총알, 화약을 설치해 채소를 먹으러 온 동물이 덫을 건드리면 자동적으로 총알이 발사되는 방식이었다. 덫에 걸린 동물은 저녁거리가 되었다. 경비대원 6명이 덫

'스마트 순찰대' 신입 대원들이 후아이카캥 보호구역에서 군경 합동 훈련을 받고 있다.
후아이카캥을 보호하기 위해 만든 이 정예 군대는 디지털 지도와 정확한 자료를 이용해
숲을 누비며 숲의 안전을 위협하는 불법행위와 밀렵, 벌목을 단속하고 있다.

6개를 모조리 해체했다. 그중 하나에는 이미 동물이 걸려든 모양이었다. 경비대원들은 핏자국이 사라질 때까지 따라갔다.

스마트 순찰대 사업은 2006년 타이 산림부와 야생동물보호협회, 판테라 사가 협력해 '호랑이여 영원하라' 사업의 일환으로 50만 달러를 들여 시작했다. 군대식 정예 부대인 스마트 순찰대는 디지털 지도를 사용해 현장을 직접 걸어서 순찰하고, 정확한 자료를 바탕으로 숲에 위협이 되는 행위를 검거해 체계적인 보호 정책을 실시하고 있다. 현재 190명의 대원이 1년에 걷는 거리만 1만 3000킬로미터 남짓인데, 후아이카캥 핵심 영역 전체에 해당된다. 경비대원의 월급은 타이 정부에서 지급하며, '호랑이여 영원하라' 사업단에서 유니폼과 음식, 장비를 제공한다.

나는 스마트 순찰대가 경비 업무를 진행하는 방식을 현장에서 자세히 지켜보았다. 경비대와 함께 후아이아이요 강 모래사장을 따라 걷다가 호랑이 발자국을 발견했다. 길가에는 최근까지 불을 피운 흔적과 쓰레기, 죽은 들소도 보였다. 사람 발자국과 탄피도 눈에 띄었다. 나는 경비대와 함께 동물이 소금기를 섭취할 때마다 자주 들르는 늪 근처에 눈에 띄지 않는 곳으로 재빨리 몸을 숨겼다. 대원들이 밀렵꾼을 지켜볼 때 숨는 장소 중 하나였다. 한 경비대원은 밀렵 흔적이 남아 있는 장소의 위치와 자세한 상태를 휴대용 위성 위치 확인 시스템에 입력했다. 다른 대원은 현장 사진을 찍었다.

본부로 돌아와서 경비대는 수집한 자료를 입력하고 지도에 그렸다. 범죄 다발 지역을 표시해 파악하기 위해서였다. 현지인이 제보한 내용도 함께 기록해두었다(첩보를 제공하면 보통 몇 밧의 보상을 받는다). 총을 든 사람이나 시장에서 야생동물 고기를 파는 것, 식당에서 야생동물 고기를 요리해 파는 것을 보거나, 덫을 발견했거나, 벌목 현장 또는 의심 가는 일은 모조리 제보를 받았다. 밀렵 흔적을 발견한 장소를 표시해둔 지도는 밀렵 발생 지역을 한눈에 파악해 경비대가 감시할 장소를 정하는 데 도움이 되었다. 정확한 자료를 바탕으로 하는 경비활동을 보니 스마트 순찰대라는 이름이 붙을 만했다.

나는 신입 대원에게 숲 경비 훈련을 실시하고 있던 타이 군 장교와 경찰 간부 여럿과 함께 이틀간 지냈다. 아침 일찍 훈련 현장을 방문할 때면, 신입 대원은 군인 체조를 마친 다음 사격 연습을 하러 열을 지어 이동했다. 무기 사용 경험이 있는 전직 군인과 기존 대원은 머리와 심장 부위에 구멍이 뚫린 종이 과녁을 보여주었다. 신입 대원이 쏜 총알은 과녁을 완전히 빗나갔다. 신입 대원은 엽총과 반자동 총을 쏘는 법은 물론 깨끗하게 손질하는 방법도 배웠다. 열대 지방이라 사용한 즉시 총을 손질해두지 않으면 금방 녹이 슬기 때문이다. 신입 대원은 용의자를 무장 해제하고 수갑을 채우는 법, 나침반으로 방향 찾는 법, 위성 위치 확인 시스템을 사용하는 법과 지도를 그리는 프로그램 사용법도 배웠다.

수준 높은 훈련과 더불어 좋은 장비를 갖춘 스마트 순찰대 사업은 2006년에 '호랑이여 영원하라' 사업의 일환으로 시작되어 호랑이 보호 사업의 수준을 한층 높이 끌어올렸다(이 사업이 최초로 시작된 곳이 바로 후아이카캥 보호구역이다). 수십 년간 이어지던 보호구역 관리 사업과 연구활동에 스마트 순찰대 사업이 더해지자, 밀렵이 줄어들면서 호랑이 개체 수가 증가하고 먹잇감의 수도 안정되었다.

2004년, 사끄싯은 호랑이 개체 수를 정확하게 파악하기 위해 카메라 트랩을 이용한 조사를 시작했다. 사끄싯과 조사단 소속 연구원은 후아이카캥 보호구역에만 성체 호랑이 60마리, 서부 밀림 지대 전체에는 120마리가 서식하고 있을 것으로 추정했다. 자연환경으로 보자면 그보다 3배는 넘어야 했다. 현재 타이 산림부 지역 조사과 책임자인 사끄싯의 지휘 아래 정확한 관찰 및 연구활동이 진행되고 있다.

사끄싯과 아차라 부부는 내가 사진 촬영에 참여했던 암컷 호랑이에 대한 연구 결과 발표를 앞두고 있었다. 부부는 암컷 호랑이 1마리에게 필요한 평균 행동 영역이 약 69제곱킬로미터로 꽤 넓은 편이라는 사실을 알아냈다. 행동 영역이란 암컷 호랑이 1마리가 사냥을 해서 자신과 새끼를 먹여 살리는 데 필요한 면적으로, 먹잇감 개체 수와 밀접한 관련이 있다. 먹잇감 수가 적으면 호랑이의 행동 영역이 넓어진다. 후아이카캥 보호구역이 이 경우에 해당된다. 먹잇감 개체 수를 정확히 파악하면 해당 지역에 서식 중인 새끼를 낳을 수 있는 암컷 호랑이 수를 추정할 수 있고, 또 호랑이 수가 얼마만큼 늘어날지도 파악할 수 있다. 암컷 호랑이와 먹잇감 비율은 호랑이 보존 작업의 성패를 가늠하는 척도가 된다. 호랑이 수가 너무 적거나 먹잇감이 너무 적다면 해당 지역에서는 밀렵꾼이 전쟁에서 승리했다고 할 수 있다.

스마트 순찰대는 후아이카캥 보호구역과 인접한 통야이 숲까지 순찰 범위를 넓히고 있다. 다른 보호구역에도 작은 규모의 경비대가 근무하고 있지만, 대부분 형편없는 수준이다. 사실 후아이카캥 보호구역 외에는 호랑이가 거의 없기 때문이기도 하다. 타이 정부에서는 수십 년 사이에 자국 내 호랑이 수가 급감했다는 사실을 잘 알고 있다. 1993년, 앨런은 타이 전역에 있는 보호구역을 절반 이상 조사한 뒤 연구 논문을 발표했다. 앨런은 논문에서 다음과 같이 썼다. "타이 지역

'호랑이 조사단' 소속 연구원이 후아이카캥 야생동물 보호구역에서
카메라 트랩에 찍힌 사진을 자세히 검토하고 있다. 카메라 트랩에 찍힌 사진 수천 장으로
호랑이 이동 경로는 물론 개체 수와 먹잇감 종류와 양도 파악할 수 있다.

위는 승려 옆에 앉아 있는 새끼 호랑이의 모습이며, 아래는 타이 호랑이 사원 경내를 돌아다니는
호랑이를 찍은 것으로 관광객의 관심을 불러일으키기에 충분하다.
타이 호랑이 사원에서는 불법으로 호랑이를 사육해 새끼를 낳게 하고 있다.
1994년에 새끼 호랑이 몇 마리를 기르기 시작해서 현재는 130여 마리로 늘어났다.

호랑이 개체 수는 위험할 만큼 줄어들었다. 정부가 형편없이 관리한 데다 인간이 끊임없이 호랑이 서식지를 침범한 탓이다."

1999년, 토니 리남은 타이에서 가장 중요한 '호랑이 땅'으로 알려진 카오야이 국립공원 전역을 조사했지만 호랑이를 1마리도 발견하지 못했다. 좀더 조사 범위를 넓힌 후 단 1마리가 서식 중이라는 흔적을 겨우 찾아낼 수 있었다. 정부 관계자는 카오야이 국립공원 내에 적어도 25~30마리 호랑이가 서식하고 있다고 강력하게 주장했다. 오늘날까지도 카오야이가 호랑이의 천국이라고 굳게 믿는 사람도 있다. 최근 국립공원 대표가 모이는 자리에 카오야이 국립공원 대표가 참석하지 않자, 의아해하는 이들이 있었다. 2003년 이후로 카오야이 국립공원에서는 호랑이가 자취를 감추어버렸다.

보호 사업을 강력하게 추진하기 어려운 원인 중 하나로 타이의 문화적 특징을 들 수 있다. 타이는 위계질서가 매우 강하고 예의를 중시하는 사회이므로, 문제가 발생해도 의논조차 할 수 없는 경우가 많다. 실제로 아랫사람이 심각한 문제를 공론화하면 윗사람의 체면을 잃게 만드는 일이라고 여긴다. 그래서 다른 곳으로 발령이 나거나 심지어 사직하는 경우도 있다. 세웁이나 다른 환경보호운동가의 예를 통해 알 수 있듯이, 타이에서는 정부 관리와 결탁한 환경 관련 범죄가 아주 오랫동안 이어져왔다.

후아이카캥에는 보호구역 외부 지역까지 한데 관리할 수 있는 야생동물 범죄 해결 전담 수사대가 있다. 내가 후아이카캥에서 촬영 중일 때, 수사대는 근처 사원에서 호랑이 가죽을 안에 넣은 조그마한 유리 부적을 팔고 있다는 제보를 받았다. 수사원 1명이 부적을 사 왔다. 아차라가

DNA 검사를 통해 진짜 호랑이 가죽임을 확인했다. 불법 거래 혐의로 조사가 진행되다가, 정부 관계자가 관련되면서 조사는 어느 단계에선가 중단되었다. 정부 당국에서 부적 안에 든 호랑이 가죽이 농장에서 기른 것인지, 야생 호랑이인지 판단할 수 없다고 밝혔기 때문이었다. 사원을 불법 거래 혐의로 처벌할 수는 없다고 생각한 모양이었다.

나는 '호랑이 농장'이라는 말을 한 번도 들어본 적이 없었다. 그런데 타이에는 공식적으로 등록된 호랑이 농장만 21곳이며, 사육 중인 호랑이는 1800마리 정도로 야생 호랑이 수의 8~9배에 달한다. 원칙적으로 호랑이 농장에서는 동물원에 보낼 호랑이만 키울 수 있지만, 타이에는 호랑이를 팔아 큰돈을 벌 수 있는 시장이 엄연히 존재한다. 지난해, 경찰이 농장 2곳을 압수 수색해 호랑이 고기 453킬로그램을 찾아내기도 했다. 해당 농장주는 호랑이 도살 혐의를 벗었지만, 사건 담당 수사관들은 "늙은 호랑이 중 일부가 공식적으로 등록된 서류에 기재된 생김새와 일치하지 않았다"고 강조했다. 비영리기구인 타이야생동물친구들의 설립자인 에드윈 빅에 따르면, 농장과 동물원 모두 정부에 호랑이 수만 정확히 등록할 뿐 새로 태어나는 새끼 호랑이는 등록하지 않는다고 한다. 농장과 동물원에서 늙은 호랑이를 거래할 수 있는 이유이기도 하다.

"야생동물 밀매업자에게서 수년 전부터 들은 이야기인데, 늙은 호랑이(거의 수컷이라고 한다)는 관람객에게 보여줄 수도 없고 새끼도 낳지 못하는 데다 점점 더 포악해지고 젊은 호랑이보다 먹이도 훨씬 더 많이 먹는다고 하더군요." 에드윈 빅이 말했다. 늙은 호랑이 1마리를 기르는 데 1년에 3600달러가 든다고 한다. 빅은 이렇게 덧붙였다.

"농장이나 동물원에서 '남아도는' 늙은 호랑이를 계속 키우면 경제적으로 큰 부담이지만, 암시장에 내다 팔면 큰돈을 챙길 수 있는 수단이 되는 셈이지요."

방콕 인근 스리라차 호랑이 동물원 같은 다른 시설도 용의선상에 올랐다. 스리라차 호랑이 동물원은 놀이동산처럼 운영되는 곳인데, 놀랍게도 호랑이 수백 마리를 사육하고 있었다. 게다가 2004년에는 살아 있는 호랑이 100마리를 중국으로 밀반출한 사실도 적발되었다. 당시 수출 허가서를 승인해준 정부 관계자 3명은 타 부서로 전출되었다(멸종 위기 동물의 국제 거래를 금지하는 국제 협약인 '멸종 위기에 처한 야생동식물의 국제거래에 관한 협약'을 위반한 혐의다). 그러나 죄에 비해 솜방망이 처벌에 지나지 않았다. 스리라차 동물원은 아직도 중요한 관광 코스다.

오랫동안 타이는 야생동물을 마음껏 고르고 살 수 있는 시장이었다. 또 살아 있는 호랑이나 죽은 호랑이, 각 신체 부위 밀거래가 활발하게 이루어져서 국경을 넘어 라오스, 말레이시아, 미얀마로 팔려나가는 동남아시아 호랑이 거래의 중심지이기도 하다. 2002~2009년에 282개에 달하는 호랑이 및 대형 고양잇과 동물의 신체 부위 밀거래 행위가 적발되었다. 정부 관계자는 2010~2020년 타이 호랑이 보호 사업 계획안에서 "호랑이를 직접 밀렵하는 일은 증가할 것으로 보인다"라고 밝혔다. 타이에서 밀려난 밀렵꾼 조직은 최후의 선택으로 라오스, 베트남, 특히 중국으로 발길을 돌렸다.

밀렵한 야생동물을 국경 넘어 거래하는 일을 막기 위해 리남은 공원 경비대원과 국경 경비대 간에 긴밀한 협조관계를 구축하려 10년 이상 애썼다. 가끔 밀수꾼이 체포되어 세간의 이목을 끌기도 한다. 최근 한 여성은 호랑이 인형을 가득 채운 여행 가방에 새끼 호랑이를 산 채로 넣어 운반하다 방콕 공항에서 세관원에게 적발되었다. 대체로 야생동물 관련 법률은 처벌 규정이 약해

호랑이 사원 관람객이 '호랑이 재주 부리기' 공
연을 보고 있다. 젊은 호랑이는 매일 관광객을
위해 공연하지만 나이 든 호랑이가 좁고 낡은
우리 밖으로 나오는 경우는 거의 없다. 자주 구
타를 당하기도 한다. 라오스에 있는 호랑이 농
장에서 불법으로 호랑이 신체 부위를 거래했
다는 서류가 발견되기도 했다.

서 관련 범죄 발생을 막는 데 실패한다. "죽은 호랑이를 여행 가방에 넣고 옮기다가 들키더라도 고작 1000달러 벌금형을 받는 것으로 끝나죠." 리남은 다음번 밀수에 성공하면 벌금을 내고도 남는 돈을 번다며, "야생동물 관련 범죄자를 중형에 처할 수 있도록 관계 법령이 반드시 바뀌어야 합니다"라고 말한다.

호랑이 농장은 라오스, 베트남, 중국에서도 운영되고 있다. 1993년, 중국 정부는 약용 목적으로 호랑이 뼈를 거래하는 일을 금지했다. 그리고 2007년에는 국제적으로 '멸종 위기에 처한 야생동식물의 국제거래에 관한 협약'으로 호랑이 농장을 폐지하기로 결정했는데도 호랑이를 내다 팔기 위해 사육하는 일은 오히려 늘어난 상황이다. 1986년만 해도 중국 내 포획 상태 호랑이는 20여 마리에 지나지 않았지만 현재는 200여 개 농장에서 사육 중인 호랑이 수만 5000~6000마리에 달하며, 조그만 시설에서 대규모 사육 기업에 이르기까지 규모도 매우 다양하다. 그중 대형 농장 2군데에서 기르는 호랑이 수만 1000마리가 넘는 실정이다. 이는 영국에 본부를 둔 환경조사기관Environmental Investigation Agency의 2013년 보고서에 따른 수치다. 호랑이 농장 중 많은 곳이 관광객을 위한 용도로 운영되고 있다. 게다가 어떤 농장은 호랑이 보호소로 위장한 곳도 있다. 10년 전에 처음 실시한 중국 야생동물 관련 법규에는 멸종 위기생물이라고 하더라도 포획 상태에서 기른 동물이라면 '활용', 즉 거래가 가능하다고 명시되어 있다. 합법적인 거래 가능 품목에는 호랑이 가죽도 포함된다. 이런 법규 탓에 호랑이에 대한 수요는 영원히 사라지지 않고 밀렵을 부추길 것이라고 환경조사기관 대표 수사관인 데비 뱅크스가 말한다.

2013년 3월에 열린 '멸종 위기에 처한 야생동·식물의 국제거래에 관한 협약' 회의에서 호랑이에 대해 논의한 시간은 단 15분이었다. 그러나 가입국은 불법 밀매업자를 소탕하고 농장에서 사육한 호랑이 거래도 금지하는 방안을 마련하기로 뜻을 모았다.

현지 사원에서 일어난 사건을 계기로 나는 타이 불교 사원과 호랑이 밀거래 사이에 어떤 관계가 있는지 더 자세히 조사할 수 있었다. 당시 큰 논란을 불러일으킨, 호랑이 사원으로 잘 알려진 왓 빠 루앙따 부아 야나삼빠노 숲 속 사원으로 가서 이틀 동안 취재했다. 겉으로 보기에 호랑이 사원은 디즈니랜드 같았다. 승려가 이상할 정도로 무기력한 호랑이에게 목줄을 매어 데리고 다니는 모습을 구경하고, 관광객이 직접 새끼 호랑이에게 먹이를 주거나, 다 자란 호랑이를 직접 목욕시킬 수도 있었다. 긴 장대에 매단 비닐봉지를 잡으려고 높이 뛰어오르는 호랑이를 관람할 수도 있었다. 관광객은 대부분 무릎 위에 호랑이와 얼굴을 맞대고 찍은 사진을 올려두고 있었다. 12마리 정도 되는 새끼 호랑이와 젊은 호랑이는 매일 관람객에게 선을 보이지만, 무대 뒤에서 생활하는 나머지 호랑이는 몹시 비참하게 살고 있었다. 나이 든 호랑이 여러 마리가 작고 낡은 우리에 24시간 내내 갇혀 지내며 구타를 당하고 사람에게 꼬리를 잡혀 질질 끌려 다니기도 했다(이럴 경우 척추에 손상을 입을 수도 있다). 우리에 갇힌 호랑이는 닭고기와 채소만 먹고살기 때문에 붉은 살코기로 섭취해야 할 필수 영양소가 부족해서 비쩍 마른 상태였다.

국제 야생동물 애호 기금Care for the Wild International 소속 조사관 사이벨 폭스크로프트는 사원에 사는 호랑이가 최소 130여 마리는 될 것으로 추정한다. 알려진 대로라면 사원이 처음으로 문을 연 1994년에 구조되거나 기증받은 새끼 호랑이 몇 마리를 데려다가 키우던 것이 현재 130마리로 늘어난 것이다. 2002년, 국립공원 관리부에서는 호랑이를 '압수'하고 적당한 보호구역으로 옮길 때까지만 '임시로' 사원에 둘 것이라고 했다. 그러나 그런 일은 아직까지 일어나지 않았다.

가끔 호랑이가 쥐도 새도 모르게 사라지는 일도 있었다. 2008년, 국제 야생동물 애호 기금에서는 사라진 호랑이의 행방을 밝혀냈다. 호랑이 사원 주지승과 타이 국경 너머 라오스에 있는 불법 호랑이 농장 간에 작성한 계약서를 발견한 것이다. 라오스 호랑이 농장은 호랑이를 사육하고 도살해 파는 곳으로 잘 알려졌다.

호랑이 사원 측은 2003년부터 호랑이를 야생으로 돌려보내기 위한 '호랑이 섬'을 짓고 있다면서, 사원에서 호랑이를 보호하는 역할을 하고 있을 뿐이라고 주장했다. 그러나 이는 인간과 함께 지내면서 사냥 능력을 잃은 사원 내 호랑이에게는 불가능한 일이다. 국제호랑이연대International Tiger Coalition에서는 2008년에 "호랑이 사원이 야생 호랑이 보호는 물론이고 호랑이를 위해 기부 활동을 한 바도 전혀 없다"고 밝혔다.

그런데도 호랑이 사원 측은 아직도 관광객에게(주로 호주 관광객이다) 꽤 큰 기부금을 받고 있다. 거둬들인 기부금 중 일부는 호랑이를 기르는 데 쓰인다. 연합통신사 기자인 앤드루 마셜은 호랑이 사원 소속 수의사 솜차이 비사스몽콜차이에게 2010년 경비 지출에 대해 질문했다. 수의사는 호랑이 사원 측에서 최근 타이 경찰과 군대에 70만 밧(한화 2199만 원 정도—옮긴이)을 '기부'했다고 폭로했다. 큰 금액을 기부한 이유는 말하지 않았다.

나는 마취된 호랑이나 포획된 호랑이 사진은 찍어봤지만 야생 호랑이는 찍은 적이 없었다. 타이에 왔을 때만 해도 카메라 트랩에 호랑이가 쉽게 찍힐 것으로 생각했다. 그러나 메모리 카드에 저장된 사진을 내려받을 때마다 다른 야생동물이나 승려 혹은 숲 속을 걷고 있는 사람의 사진만 볼 수 있었다. 보호구역 곳곳에 불교 사원이 많아서 사진에 찍힌 사람이 순례자인지, 밀렵꾼인지도 알 수 없었다. 조사단과 함께 숲길에 찍힌 호랑이 발자국이나 나무에 난 발톱 자국도 자주 발견했고 으르렁대는 소리를 들은 적도 있었지만, 호랑이 사진은 전혀 찍혀 있지 않았고 그 이유도 알 수 없었다.

그러다가 수컷 호랑이 1마리가 목숨을 잃었고, 뒤이어 어미 호랑이와 새끼 2마리가 한꺼번에 목숨을 잃는 사건이 발생했다. 두 사건 모두 카보퓨란을 묻힌 총에 맞아 죽은 들소 고기를 호랑이가 먹어서 일어난 사건이었다. 카보퓨란은 조그만 봉지에 든 1달러짜리 농약이었다. 숲 경비대원이 현장에서 보라색 농약 더미와 동물 내장, 죽은 새끼 호랑이 2마리를 발견했다.

나는 BBC에서 진행하는 호랑이 영화 작업에 참여하기 위해 부탄으로 떠나야 했다. 그래서 비서 조에게 카메라 트랩 관리를 맡기고 떠났다. 총 3개월 동안 1장의 굉장한 사진과 그보다 못한 사진 몇 장을 얻을 수 있었다. 몇 달 뒤, 나는 스마트 순찰대가 범인 1명을 체포했다는 소식을 들었다. 스마트 순찰대는 총격전 끝에 나이 새 따오를 체포하고, 무기 여러 점과 올가미, 확실한 증거물인 휴대전화 한 대를 압수했다. 휴대전화에는 악명 높은 몽 족 밀렵꾼 여러 명과 함께 죽은 호랑이 옆에서 뿌듯한 표정을 짓고 찍은 범인의 사진이 여러 장 저장되어 있었다. 연구원은 카메라 트랩에 찍힌 사진으로 죽은 호랑이가 후아이카캥 보호구역에 살던 호랑이라는 사실도 밝혀냈다.

2012년에 범죄 조직 두목 2명이 호랑이 4마리를 죽인 죄로 각각 징역 4년과 5년을 선고받았다. 기소될 당시에는 호랑이 10마리를 죽인 혐의였다. 타이 역사상 야생동물 관련 범죄로 받은 선고로는 가장 중형에 해당했다.

　이들이 체포된 이후로 순찰이 더욱 강화되어 후아이카캥에서는 호랑이 밀렵 사건이 발생하지 않는다. 앨런이 나에게 이야기해준 호랑이를 보호하기 위한 첫 번째 규칙이 문득 떠오른다. "무엇보다도 호랑이에게 필요한 일은 강력한 법 집행과 보호다."

작품집

타이 호랑이

후아이카캥 야생동물 보호구역에서 호랑이는 좀처럼 눈에 띄지 않았다. 그래서 나는 원격 조종 카메라를 챙겨 암컷 호랑이에 대해 조사 작업을 벌이던 연구원과 함께 직접 현장으로 나갔다. '호랑이 조사단'이 위치 정보 송신기가 달린 목걸이를 채워 호랑이의 움직임을 관찰하기 위해 호랑이를 잡으려 놓아둔 덫 주위에 적외선 카메라도 설치했다. 3달 동안 설치해둔 카메라 앞에 나타난 호랑이는 겨우 몇 마리에 불과했다. 나중에야 그곳이 밀렵꾼 조직이 밀렵 행위를 벌이다가 체포된 곳이라는 사실을 알게 되었다.

9개월 된 새끼 호랑이가 마취에서 깨어났다. 새끼 호랑이와 어미 호랑이는 과학 연구를 위해 연구원이 잡아 마취했다.

나는 타이 호랑이 조사단이 카메라 트랩으로 호랑이 사진을 여러 장 찍었다는 이야기를 듣고 후아이카캥 야생동물 보호구역에서 사진을 찍기로 했다. 공원 곳곳에 카메라를 10대나 설치했는데, 3달 동안 각기 다른 호랑이 3마리의 사진을 겨우 건질 수 있었다. 나중에 공원 경비대가 밀렵꾼 손에 목숨을 잃은 성체 수컷 호랑이와 암컷 호랑이, 새끼 호랑이 2마리를 발견하고 나서야 호랑이 사진이 잘 찍히지 않았던 이유를 알 수 있었다. 호랑이 밀렵꾼 조직 두목 2명은 호랑이 4마리를 죽인 죄로 타이 역사상 야생동물 관련 법규 위반으로서는 가장 중형에 해당되는 4년과 5년의 징역형을 선고받았다. 호랑이 10마리를 죽인 혐의로 기소된 자였다.

호랑이 2마리가 동물이 소금기를 섭취하러 자주 찾는
후아이카캥 보호구역 내 조그만 늪에 들렀다가 카메라 트랩에 찍혔다.

234

후아이카캥에 서식 중인 호랑이가 원격 조종 카메라에 초상화를 남겼다. 보호구역 내에 서식 중인 성체 인도차이나호랑이 중 하나다. 후아이카캥과 인접한 보호구역 17개가 있는 서부 밀림 지대에는 120여 마리가 더 살고 있다. 호랑이는 개체 수가 급격히 줄고 있으며, 인도차이나호랑이는 멸종 선상에 오른 유력한 후보다.

적외선 카메라에 호랑이가 젖소를 잡아먹는 모습이 찍혔다.
연구원이 개간지에 미끼로 놓아둔 젖소였다.
호랑이가 젖소의 숨통을 끊자 연구원은 주위를 빙 둘러 올가미를 설치했다.
호랑이가 젖소를 먹으러 돌아왔을 때 잡기 위해서였다.
그러나 잡힌 호랑이는 수컷이라 놓아주었다.
암컷 호랑이일 경우에 한해 사로잡아 마취했고,
혈액과 DNA 검사를 위해 털을 채취하고 무게와 몸길이를 잰 뒤
위성 신호 송신기가 달린 목걸이를 채워 놓아주었다.
연구원이 노트북 컴퓨터로 신호를 잡아 암컷 호랑이의 이동 경로를 관찰했다.

젖소를 미끼로 이용해 암컷 호랑이를 사로잡은
뒤 위성 신호 송신기가 달린 목걸이를 채워 행
동 영역을 조사했다. 그리고 새끼 호랑이를 낳
아 기르기 위해서는 먹잇감이 얼마나 필요한지
도 자세히 조사했다.

벵골호랑이

한배에서 태어난 14개월 된 새끼 호랑이 2마리가
연못에 들어가 열을 식히는 장면이 카메라 트랩에 찍혔다.
인도의 반다브가르 국립공원.

나는 이른 새벽에 안내원 한 사람과 함께 덜컹거리는 오픈 지프를 타고 공원 안으로 들어갔다. 사방이 안개에 싸여 유령이라도 나올 것 같았다. 2010년 11월 초겨울, 인도 중부 지방에 위치한 반다브가르 국립공원이었다. 해가 뜨기 전이라 호랑이가 사냥감을 찾아 여기저기 돌아다닐 시간이었다. 동이 틀 무렵, 이른 아침 금빛 햇살이 비치면 멋진 사진을 찍을 수 있을 것이다. 그런데 운이 따르지 않았는지, 그날은 호랑이를 1마리도 발견하지 못했다. 오후 늦게 나는 안내원 하치 라토레에게 공원 출입문 밖으로 나가기 전에 공원을 한번만 더 천천히 돌아보자고 부탁했다. 해가 질 때까지 공원 밖으로 나가지 않으면 반다브가르 국립공원에서 촬영하도록 허가받은 권리를 잃을 수도 있었다. 마침 인도인 관람객을 태운 차량 두어 대를 만나 관람객 옆자리에 함께 올라탔다. 차에 탔더니 '호랑이 전시회'라도 온 것 같았다. 1시간 동안 나는 깨끗한 연못 옆에 느긋하게 드러누워 잠을 자는 호랑이 3마리를 촬영했다. 3마리 모두 지프차 15대가 끊임없이 왔다 갔다하는데도 아랑곳하지 않고 잠들어 있었다. 몸집이 이토록 거대한 동물이 태어난 지 1년이 채 되지 않았다는 사실을 믿을 수 없었다. 앞으로 7개월 동안 나는 반다브가르 국립공원에 살고 있는 호랑이를 더 알아갈 것이다.

　호랑이 3마리는 다음 날 아침까지도 그곳에서 자고 있었다. 나는 잠든 녀석의 사진을 몇 장 더 찍은 다음, 지프차 안에서 느긋하게 추리소설을 읽으며 해가 밝게 떠올라 호랑이가 잠에서 깨기를 기다렸다. 드디어 수컷 2마리 중 하나가 고개를 들더니 하품하고는 풀밭 속으로 천천히 걸어 들어갔다. 나머지 2마리도 일어나서 기지개를 쭉 켜고는 뒤를 따랐다. 암컷 새끼 호랑이 1마리가 한 바퀴 빙 놀더니 덤불 아래로 몸을 웅크렸다. 그러고는 수컷 호랑이 중 1마리의 몸 위로 훌쩍 뛰어올랐다. 한 녀석이 저 멀리 떨어져 나오자 다른 1마리가 연못가를 따라 뒤를 쫓았다. 그러더니 모두 물에 첨벙 뛰어들어 물을 튀기며 서로 쫓아가 뒷발로 버티고 일어서서 몸싸움을 벌였다. 2마리가 다시 잠을 자던 공터로 되돌아오자, 그 자리에 있던 수컷이 나무에서 2마리를 향해 재빨리 달려들었다. 호랑이 남매 3마리는 45킬로그램짜리 새끼 고양이처럼 1시간 반 동안 한데 엉켜 천진난만하게 장난을 치며 뛰어놀더니 대나무 숲으로 사라졌다. 호랑이가 사는 나라 곳곳을 돌아다니며 사진을 찍은 9년 동안 굉장한 녀석을 여러 번 봐왔지만, 고양이처럼 뛰어노는 녀석들을 보기는 처음이었다.

이곳에 오지 않고서 호랑이 이야기를 끝낼 수는 없었다. 인도는 전 세계에 서식 중인 호랑이 중 반 이상이 살고 있는 곳이기 때문이다. 12억이 넘는 인구에 비해 자원이 턱없이 부족한 인도라는 나라에 아직도 벵골호랑이 1700여 마리가 살아 있다는 사실은 정말 기적 같은 일이다(대부분 국가에서 호랑이 같은 대형 육식동물은 모조리 멸종되었다. 미국에서는 아직 늑대나 퓨마 정도는 사진을 찍을 수 있기는 하다). 인도에서는 1분마다 신생아 51명이 태어나는데 1년이면 1800만 명으로, 현재 추세라면 2025년쯤 인도 총인구가 중국을 앞질러 전 세계에서 인구가 가장 많은 나라가 될 것이다. 인구가 폭발적으로 늘어나자 인간의 욕구도 덩달아 증가하면서, 숲이나 야생동물, 호랑이를 보호하는 일 따위는 안중에도 없이 '개발'에 대한 거센 요구가 멈출 기미가 전혀 보이질 않는다.

벵골호랑이 서식지는 몹시 추운 인도 북부 히말라야 산맥에서 남부와 동부 밀림 지대, 사막, 산맥, 무덥고 습한 벵골 만까지 이어지며 인도뿐만 아니라 네팔, 부탄, 미얀마까지 퍼져 있다. 게다가 수많은 벵골호랑이는 주위와 단절된 외딴 섬 같은 곳에서 살고 있다. 그러나 인도 아대륙 지역은 아직 무성한 숲이 꽤 많이 남아 있고, 숲 속에는 사슴, 멧돼지, 아시아코끼리, 물소 같은 동물이 많이 사는 야생동물 보호구역이 668군데나 있다. 보호구역 중에는 면적은 매우 좁고 호랑이 개체 수는 지나치게 많아서 보호구역이라기보다는 야외 동물원 같은 곳도 있다. 그렇지만 호랑이가 서식하기에 알맞을 정도로 넓은 곳도 몇 군데 있어서, 앞으로 호랑이가 생존하고 개체 수를 늘릴 수 있겠다는 희망을 품을 만하다.

인도에서는 상표나 성냥갑, 게시판, 광고물 등에서 호랑이를 흔히 볼 수 있다. 힌두교 사원에는 악마를 무찌르는 전사인 여신 두르가가 호랑이를 타고 있는 그림이 있다. 그리고 호랑이는 공식적으로도 인도를 상징하는 동물이며 인도 문화의 마스코트이기도 하다. 결국 전 세계에 남은 호랑이의 미래는 인도에 달렸다고 해도 과언이 아니다. 호랑이의 운명이 경각에 달렸는데도, 인간은 호랑이의 유일한 포식자 노릇을 서슴지 않고 있다.

인도를 포함해 전 세계적으로 호랑이 보호구역이 42군데나 있지만, 나는 인도 반다브가르 국립공원을 촬영 장소로 정했다. 이곳에서 찍은 호랑이 사진을 일반인이 보면 야생동물을 좀더 보살펴야겠다는 생각을 고취시킬 수 있으리라는 사실을 잘 아는 헌신적인 국립공원 책임자 파틸 때문이었다. 파틸은 내가 특별히 국립공원 내에서는 어디든지 다닐 수 있도록, 그리고 카메라 트랩을 설치할 수 있도록 허가받게 해주겠다고 약속했다. 그러나 반다브가르 국립공원을 촬영지로 정한 진짜 이유는 새끼 호랑이 여러 마리를 기르고 있는 어미 호랑이 2마리를 촬영하기 위해서였다.

 나는 인도 국립 호랑이 보호국으로부터 촬영 허가가 떨어지기를 2년이나 기다려야 했다. 그나마도 자연 및 역사 전문 텔레비전 방송국에서 일하고 있어서 복잡한 촬영 허가 절차를 잘 알던 절친한 친구이자 호랑이 전문가인 토비 싱클레어가 아니었다면 어림도 없었을 것이다. 촬영 허가증이 도착한 직후, 토비는 반다브가르 국립공원에서 어미 호랑이 2마리가 새끼를 여러 마리 낳았다고 이메일을 보냈다. 나는 타는 듯이 뜨거운 여름 건기에 촬영하는 것을 좋아했는데, 보통 갈증이 난 야생동물이 물가에 자주 모습을 나타내기 때문이었다. 겨울철에 야생동물을 촬영하는 일은 몹시 어렵지만, 호랑이가 새끼를 낳았다는 소식에 홀려 11월 초에 인도로 향했다.

 나는 델리에 도착해서야 어미 호랑이 2마리가 모두 죽었다는 사실을 알게 되었다. 하나는 누군가 앙갚음을 할 요량으로 놓아둔 독약이 묻은 물소를 먹고, 또 다른 하나는 공원 관리 차량에 치여서 목숨을 잃었다고 했다. 태어난 지 이제 겨우 4개월, 5개월밖에 안 되었는데 어미를 잃은 새끼들은 언젠가 숲으로 돌아갈 수 있으리란 희망으로 국립공원 내에 마련된 넓은 우리 안에서 지내고 있었다.

246

15개월 된 새끼 호랑이 2마리가 작은 연못 안에서 싸우고 있다.
싸움 기술을 연습해두면 다 자란 후 야생에서 살아남는 데 도움이 될 것이다.

전 세계 42군데 호랑이 보호구역 중 하나인 인도 중부 반다브가르 국립공원의
울창한 숲 속을 거니는 호랑이. 반다브가르 국립공원은 규모는 작은 편이지만 풀밭과 낙엽수림,
울창한 대나무 숲이 들어찬 곳에 호랑이 59마리가 서식하고 있다.

현장 이야기 | 벌린다 라이트

인도 야생동물 범죄 수사관

1994년 4월, 야생동물 영화 제작자인 벌린다 라이트는 러디어드 키플링의 『정글 북The Jungle Book』를 영화로 만들 준비를 하느라 카나 호랑이 보호구역 옆의 방갈로에서 머물고 있었다. 그런데 나쁜 일이 벌어진 모양이었다. 벌린다 라이트는 숲에서 나는 총소리를 들었다. 그리고 마을 주민과 숲 경비대원에게서 숲 속에서 동물 여러 마리가 총에 맞아 죽거나 독살당했다는 소식을 전해 들었다. 숲 속에서 자주 보이던 호랑이 여러 마리도 갑자기 사라져버렸다. 벌린다 라이트가 카나 호랑이 보호구역에서 몇 년 동안 공들여 찍은 내셔널지오그래픽 사의 영화 「호랑이의 땅Land of the Tiger」으로 에미상(미국 텔레비전 예술 아카데미에서 우수한 텔레비전 작품을 골라 주는 상—옮긴이)을 수상하게 해준 그 호랑이가 사는 곳이었다.

어느 날, 시내에서 한 가게 주인이 벌린다에게 접근했다.

"호랑이 가죽이 4장 있어요. 혹시 살 만한 사람 아세요?" 남자가 속삭였다. 벌린다는 피로즈를 모피 상인으로 위장하여 지역 경찰과 함께 함정 수사를 진행했다. 수사 결과, 벌린다가 지명한 용의자 여러 명에게서 호랑이 밀거래 혐의가 밝혀지면서 5명이 체포되었다. 1973년, 인디라 간디 총리가 호랑이 보호 사업을 위해 최초로 지정한 9군데 호랑이 보호구역 중 한 곳인 카나 호랑이 보호구역에서 버젓이 밀렵이 이루어지고 있었던 것이다. 그해 여름, 벌린다는 피로즈와 함께 밀렵 실태를 파악하려고 카나 지역 전체를 돌아다녔다. 벌린다가 말했다. "끔찍한 일이지만, 수사하러 들른 도시나 마을마다 호랑이 가죽과 뼈를 사라고 39번이나 권유받았어요." 벌린다와 피로즈는 밀렵꾼 42명과 밀거래자 32명의 신분을 밝혀냈다. 호랑이를 밀렵하는 이유는 꼭 멋진 가죽 때문

만은 아니었다. 중국 전통 의약품에 쓸 호랑이 신체 부위의 거래가 활발해지면서 호랑이는 사냥의 표적이 되어 있었다.

집으로 돌아오자, 산림부는 벌린다가 밀렵 문제를 수사하고 다닌 데 대해 몹시 불쾌해했다. 산림부에 대한 인식이 나빠졌다는 이유에서였다. 산림부의 핍박이 계속되자, 벌린다 라이트는 사랑해 마지않는 숲을 떠나 델리로 가서 야생동물 밀렵꾼 추적 작업을 시작했다.

벌린다 라이트는 그 일에 아주 적격이었다. 여성인 데다 인도에서 태어난 영국인이라서 관광객으로 위장해 의심을 피할 수 있었던 것이다. 게다가 벌린다 라이트는 경찰과 교도소장, 죄수를 잘 다루는 묘한 기술도 지녔다. 그리고 어릴 때부터 호랑이와 아주 가깝게 지내기도 했다. 벌린다 라이트의 어머니 앤은 호랑이 보호 대책 위원회를 최초로 세운 사람 중 하나로, 벌린다 라이트가 젖먹이 아기일 때부터 호랑이 서식지에 데리고 다녔다. 소녀 시절에 그녀는 제2차 세계대전 이후로 호랑이 모피 수요가 폭발적으로 늘어난 미국이나 유럽으로 팔려나갈 호랑이 가죽이 선반 위에 가득한 캘커타 시장을 어머니와 함께 거닐며 자랐다. 벌린다의 어머니 앤은 인도 정부 당국에 합법적으로 사냥이나 수출 허가를 받은 것보다 훨씬 더 많은 양이 외국으로 팔려나가고 있다는 사실을 알렸다.

1994년, 벌린다 라이트는 인도야생동물보호협회Wildlife Protection Society of India를 처음 만들었다. 벌린다의 임무는 개체 수가 급격히 줄어서 위기에 처한 야생동물을 보호하고, 자신이 가장 사랑하는 호랑이를 불법으로 사냥하는 사람을 잡아들이는 일이었다. 그때부터 벌린다는 동료와 함께 함정 수사를 통해 시역 내 호랑이 밀렵꾼과 총을 소지한 밀거래업자를 잡아들였다. 아주 위험한 상황에 빠지는 일도 허다했다. 벌린다는 전국적으로 정보망을 만들어서 호랑이 가죽이 인도 국경을 넘어 티베트까지 팔려나가는 일을 막기 위해 애썼다. 20년 가까이 인도야생동물보호협회를 이끌면서 호랑이 밀렵과 밀거래 사건 수백 건을 해결하는 데 큰 도움을 주었다.

인도야생동물보호협회는 인도에서 벌어지는 호랑이 사건이라면 모조리 수사한다. 2만1600건에 달하는 상세하고 방대한 범죄 자료는 물론, 몹시 잔인한 방법을 사용한 수많은 사건과 호랑이 밀거래에 관련된 보호구역 직원 등 1만6900명에 달하는 범죄자 정보도 파악하고 있다. 그러나 벌린다 라이트는 밀렵꾼을 체포해도 아무런 성과가 없을 때가 많다고 강조한다. 법 집행 과정이 너무 복잡해서 실제로 징역형을 받는 경우는 아주 드물기 때문이다. 2000~2009년에 호랑이 관련 범죄로 기소된 882명 중 유죄를 선고받은 것은 겨우 18명에 불과했다.

"저는 인도야생동물보호협회가 심각한 밀렵 문제를 적발하는 데 아주 중요한 역할을 한 것을 알고 있어요. 그렇지만 호랑이가 죽어가는 것을 막진 못했어요. 실패했다는 생각에 아주 절망스럽습니다." 그렇지만 그녀는 이렇게 덧붙인다. "그래도 저는 죽는 날까지 호랑이를 위해서 싸울 겁니다."

현장 이야기 | 비투 사갈

인도 환경문제 관련 작가, 편집자, 출판인, 영화 제작자, 호랑이 전문가

우리는 호랑이를 구하는 방법을 알고 있다. 그러나 다른 이들에게 호랑이를 구해야 하는 이유를 정확하게 설명하지는 못한다. 비투 사갈의 말이다. 비투는 호랑이를 구해야 하는 이유를 다른 이들에게 정확하게 설명하기 위해 수십 년 동안 애썼다.

비투는 히말라야 산자락에서 고산의 아름다움을 온몸으로 느끼며 자랐다. 그러나 드넓고 고요한 자연 그대로의 땅과 위풍당당한 호랑이의 매력에 푹 빠지게 된 것은 수년 뒤 인도 국립공원을 여러 차례 둘러보고 난 후였다. 비투가 호랑이를 처음으로 본 것은 1973년에 카나 국립공원에서 지프차와 코끼리를 타고 공원을 둘러보는 8일짜리 사파리 여행에서였다. 인디라 간디가 호랑이를 멸종 위기에서 구하기 위해 호랑이 보호 사업을 처음으로 시작한 바로 그해였다. 나중에 비투는 모닥불 앞에 앉아 있다가 호랑이 보호 사업 책임자인 카일라시 산칼라를 만났다. 자연과 호랑이를 보호한다는 호랑이 보호 사업에 대해 자세한 내용을 듣고 난 후, 카일라시 산칼라에게 큰 감명을 받았다. 카일라시 산칼라는 비투에게 매우 큰 영향을 미친 인물이자 스승이었다.

그는 처음부터 숲을 구하지 못하면 호랑이도 구하지 못한다는 사실을 깨달았다. 비투는 인도 숲이 무자비하게 훼손되고 있다는 사실을 알고는, 광고 제작 일을 하면서 익힌 기술을 십분 활용해 숲이 훼손되는 일을 막기 위한 행동에 들어갔다. 호랑이의 핵심 서식지인 숲을 훼손하는 일을 반대한다는 내용을 신문에 투고하고 반대운동을 벌여 사람들에게 알렸다. 가끔은 성공적일 때도 있었다. 특히 당시 새로 지정된 인도 9개 호랑이 보호구역 근처에서 성과가 나타났다. 비투는 비상근운동가로 활동하던 중, 또다시 모닥불 앞에서 나눈 대화를 계기로 인도에서 가장 영향력 있

는 호랑이 보호운동가 중 한 사람이 되었다. 1980년에 비투는 란탐보르 호랑이 보호구역 책임자인 파테 싱 라토레에게 어떻게 하면 호랑이에게 도움이 되는지에 대해 물었다. 라토레가 대답했다. "야생동물에 대한 잡지를 만드세요. 그러면 도시 사람들이 야생동물을 더 잘 알게 되고 더는 해치지 않게 할 수 있겠지요!" 인도 최초의 환경문제 관련 잡지인 『생크추어리Sanctuary』가 10개월 뒤 발간되었다. 지금까지도 비투가 발행을 맡고 있다.

그다음으로 어린이를 위한 격월간 잡지 『생크추어리커브Sanctuary Cub』가 발간되었고, 총 16부작짜리 '호랑이 보호 사업'이 TV에 방송되었다(3000만 명 정도가 시청했다). 어린이를 대상으로 한 호랑이 보호 사업에 관한 TV프로그램과 정부와 비정부기구 운영 위원회에 올린 글이 세간의 주목을 받았다.

비투는 호랑이 밀렵을 막는 것만으로는 충분하지 않다는 사실도 깨달았다. 피부병이 서서히 온몸으로 퍼지듯 광산, 댐, 도로, 화학약품 제조 단지, 원자력 발전소 등이 점점 호랑이 서식지를 침범해 들어오고 있었기 때문이다. 비투가 말한다. "보호구역의 목을 조르는 사람과 마주하지 않고 야생동물을 보호하겠다고 애써봤자 보호 사업의 명분 자체가 사라질 뿐입니다. 무척 어리석은 일입니다." 그래서 비투는 환경부 개발 심의 위원회로 찾아가 자신의 의견을 강력하게 밝혔다. 그렇지만 경제 호황기에 천연자원을 보호해야 한다는 주장은 사람들에게 전혀 먹혀들지 않았다. '개발 정책과 방향이 다르다'는 이유에서였다.

비투는 점점 더 비관하게 되었으나, 2002년 '호랑이를 보호하는 어린이들'이란 단체를 만들고 나서는 희망을 품을 수 있게 되었다. 비투는 어린이를 위해서 새로 사업을 시작했다. 새로운 세대인 어린이와 숲 속을 함께 걷고 야영하면서 호랑이를 지키려는 마음을 길러주기 위해서였다. 15개 도시 275개 학교에서 비투가 만든 교육 프로그램을 이용했다. 어린이들이 전국적으로 홍보에 나섰다. 호랑이를 보존하자고 아이들이 먼저 거리로 나가 행진하자, 부모도 함께 참여했다. 비투는 상징적인 동물인 호랑이를 보호해야 하는 근본적인 이유를 어른보다 어린이가 더 잘 이해한다는 사실에 주목했다. "호랑이를 보호하는 일은 곧 숲을 보호하는 일입니다. 숲 속에 흐르는 600개가 넘는 맑은 강을 보호하는 일이고, 울창한 숲이 공기 중 이산화탄소를 빨아들이는 효과가 발생하니까요." 비투는 이렇게 말한다. "호랑이뿐만 아니라 모든 야생동물 서식지는 기후 변화와 물 부족으로 어려움을 겪고 있습니다. 인도 과학자 모두가 힘을 합쳐 해결하려고 애쓰고 있긴 하지만요."

호랑이는 행동 영역이 매우 넓은 육식동물로 넓은 숲에서 살아야 한다. 비투는 지난 100년간 7~10만 마리의 호랑이가 총에 맞아 죽었지만, 훼손되지 않은 울창한 숲 덕분에 개체 수를 다시 회복할 수 있었다고 말한다.

"지금 한곳에서 호랑이 8마리가 총에 맞아 죽는다면 그곳에서는 호랑이가 멸종해버리고 맙니다. 현재 호랑이는 바람 앞에 선 촛불과 같아요. 호랑이가 살아남으려면 안전하게 살 수 있는 공간을 인간이 마련해주어야 합니다. 호랑이 보호는 공간과 벌이는 전쟁이니까요."

나는 반다브가르 국립공원에 도착해 곳곳에 카메라 트랩을 설치했다. 연못 위, 동굴 안, 오솔길, 호랑이 발톱 자국이 남은 나무 위, 새끼 호랑이가 지내는 우리 안에도 달아두었다(우리 안에는 플래시를 달 수 없어서 적외선 카메라를 설치했다). 쇠사슬을 쳐둔 울타리를 뚫고 호랑이 몇 마리가 공원 밖으로 나간 지점에도 카메라를 설치했다. 나는 파틸에게 자동차 밖으로 나가 카메라 트랩을 설치해도 된다는 특별 허가를 받았다. 반다브가르 국립공원에서는 누구도 걸어다니지 못하게 되어 있었다. 나와 비서인 드루 러시와 안내인 하치와 미얀마인 람나레시(랄라)는 차 밖으로 나올 때면 늘 경비대원과 함께 움직였다. 그러나 반다브가르 국립공원 경비대원은 무기를 지니고 있지 않아서 긴장의 끈을 놓을 수 없었다. 호랑이가 근처 어딘가에 있으리란 생각을 하면 가슴이 조마조마했다. 그것도 어미 호랑이와 덩치 큰 새끼 호랑이 3마리가 근처에 있었다.

카메라 트랩을 설치하는 일은 끝없이 반복되는 작업이었다. 처음 설치해둔 곳에서 사진이 찍히지 않거나 좀더 좋은 장소를 발견하면 카메라와 장비를 다시 옮겨 달아야 했다. 카메라 트랩을 손보지 않아도 될 경우에는 지프차를 타고 호랑이 사진을 찍으러 다니거나, 숲 속 깊은 곳에 가야 할 때면 코끼리 등에 올라타고 이동했다. 매일 새벽부터 어두워질 때까지 사진을 찍었다. 촬영 작업 중에는 너무 아파서 못 일어날 정도가 아니면 쉬는 날이 없었다.

나는 촬영 중에 차량을 타고 국립공원 구경에 나선 관람객과 자주 마주치곤 했다. 반다브가르 국립공원에 호랑이를 보러 오는 관람객만 매년 10만 명에 이른다. 관람객이 많이 찾아오는 데는 장단점이 있다. 관광 산업으로 벌어들인 돈이 지역경제를 활성화시키고 호랑이를 지켜보는 눈이 늘어난다는 점은 장점이다. 반면 호랑이를 관람할 수 있는 몇 군데 국립공원에 관람객이 지나치게 몰려드는데도 규제나 관리가 전혀 이루어지지 않는 데다 지역 호텔에서도 환경 훼손은 전혀 아랑곳하지 않고 손님을 끌어모은다는 단점도 있었다.

수많은 관람객은 열정적인 아마추어 사진작가처럼 호랑이 사진을 마구 찍어댄다. 관람객 중 한 사람은 내가 차를 타지 않고 공원 밖을 나다니는 데 몹시 화를 내면서, 공원 책임자에게 집요하게 항의했다. 내가 카메라를 내려놓을 때까지 항의를 멈추지 않았다. 국립공원 전역을 6주 동안 관광하는 사람도 있고, 며칠만 관람하고 끝내는 사람도 있었다. 호랑이 관람은 대단히 인기를 끌었다. 겨우 호랑이 이동 경로를 파악하고 사진 찍기에 적당한 장소에 카메라 트랩을 설치한 시점이었다. 도움이 좀 될까 싶어서 환경부에 전화를 걸어보았다. 그러나 당시만 해도 인도는 관료 체계가 꽤 복잡한 탓에 정책 방향을 바꾸는 일이 매우 어렵다는 사실을 알지 못했다.

인도에는 영국 식민지 통치 시대 때 만든 부서가 지금까지도 남아 있다. 그 당시에 만들어진 인도 산림 관리부가 현재 호랑이 보호 사업을 담당한다. 인도가 영국 통치를 받던 1864년에 대영제국이 철도 및 조선 사업에 필요한 목재와 기차와 배를 움직일 동력인 석탄을 공급하기 위해 만든 부서였다. 환경보호가 아니라 자원을 모조리 퍼내기 위한 목적이었다. 현재까지도 야생동물이나 생태계를 잘 아는 전문가가 근무하는 부서는 몇 되지 않는 실정이다. 게다가 부패를 방지하기 위한 수단으로 영국은 담당 직원이 한곳에서 3년 이상 근무하지 못하도록 했다. 이렇게 순환 근무가 계속되다보니, 간부 직원조차 책임을 지고 있는 환경 관련 작업을 정확하게 파악할 수가 없었다.

그러나 윗선의 통솔력이 강해서 좋은 점도 있었다. 한 가지 예로 판나 호랑이 보호구역(반다브가르 국립공원 서북쪽에 위치해 있다)에서 1996~2002년에 호랑이 수가 급격하게 늘어난 경우를 들 수 있다. 탁월한 공원 관리 기술과 함께 야생동물 생물학자인 라구 춘다와트 박사가 철저하게 호랑이 수를 관찰하고 관리한 덕분에 호랑이 수가 늘어났다. 집중적인 호랑이 관리 작업을 펼친 지 6년 만에 호랑이 수는 약 97제곱킬로미터당 2마리에서 7마리로 늘어났다. 좀더 최근의 예로는 네팔 국경 인근에 있는 두드와 호랑이 보호구역을 들 수 있다. 몇 년 동안 완전히 망가져 폐허가 되었던 숲에 지금은 호랑이 112마리 정도가 서식 중이다.

라구 춘다와트 박사는 호랑이 수를 늘리는 것은 어렵지 않다고 말한다. 중요한 점은 늘어난 개체 수를 장기간 보호할 수 있는가 하는 것이다. 호랑이 개체 수는 늘어났다가도 책임자가 바뀌면 금세 줄어들기 때문이다. 특히 야생동물 관련 정책을 그리 중요하게 여기지 않는 장관이나 주지사로 바뀌면 상황은 더욱 나빠진다. 발미크 타파르는 지금 인도에 가장 시급한 일은 예전과 완전히 새로운 호랑이 보호 담당 기관을 만드는 일이라고 말한다. 발미크 타파르는 20년 이상 미국 어류 및 야생 생물국 같은 강력한 야생동물 보호 정책을 펼 권한을 가진 정부 기관을 만들어야 한다고 주장했다. 발미크 타파르는 새로운 기관이 마련되지 않는다면 인도에 서식 중인 벵골호랑이와 야생동물에게 희망이 별로 없다고 믿고 있다.

인도에 서식 중인 호랑이는 수백 년 동안 사냥의 표적이 되었다. 델리에서 친구 몇이 무굴 왕조 시대의 아름다운 그림이 실린 책을 훑어보다가, 16~17세기 왕실에서 사냥을 나간 광경을 그린 그림을 보여주었다. 당시에는 사냥에서 호랑이를 잡으면 최고로 여겨 영웅 대접을 받았다.

책에는 그림뿐만 아니라 사진도 있었다. 호랑이 가죽과 죽은 호랑이를 산더미처럼 쌓아놓고 그 옆에서 의기양양한 태도를 취하며 찍은 사진이 수없이 많았다. 당시 일부 지역에서는 호랑이

차에 탄 관람객이 위성 신호 송신기를 목에 단 호랑이의 사진을 찍고 있다.
반다브가르 국립공원에는 호랑이를 보기 위해 매년 10만 명 정도의 관람객이 몰려든다.

인도 내 호랑이 보호구역에서는 경비대원이 지프차나 코끼리를 타고
호랑이 이동 경로를 따라 세심하게 순찰을 돈다.
보호구역을 둘러싼 마을 사람으로부터 호랑이를 보호하기 위해서다.

를 인간에게 해를 끼치는 동물로 여겨 정부에서 포상금을 지급하면서 마구 잡아들인 적도 있었다. 인도 왕과 지방 마하라자(과거 인도 지방 소규모 국가의 군주를 가리키는 말—옮긴이) 중에는 사냥 전에 독약을 넣은 미끼를 이용하는 이도 있어서 사냥꾼들이 위험할 일은 전혀 없었다. 역사학자 마헤시 랑가라잔은 "1875~1925년의 50년 동안 도살된 호랑이 수는 8만 마리가 넘는다. 실제로 목숨을 잃은 호랑이 수는 훨씬 더 많을 것이다"라고 쓴 적이 있다. 인도 중부 지방 레와에서는 새롭게 왕위에 오를 때 호랑이 109마리를 사냥해야 상서롭다고 여겼다. 젊은 왕자는 호랑이를 직접 죽이는 일을 통과의례로 여기기도 했다. 재미있는 사실은 과거 왕족이 무자비하게 호랑이를 도살하던 곳이 현재 인도에서 훼손되지 않은 가장 넓은 숲이며, 인도에서 가장 아름다운 국립공원과 야생동물 보호구역으로 바뀐 곳도 있다는 것이다.

호랑이 도살은 1947년 이후로 급속하게 늘어났다. 인도가 영국 통치에서 벗어나 독립하면서 사냥이 자유로워졌기 때문이었다. 1800년도에 미국 대초원에서 뛰어놀던 들소를 마구 학살하던 때와 비슷한 상황이 벌어졌다. 여행사에서 호랑이와 코뿔소 같은 사냥감을 반드시 잡을 수 있다고 마구 광고를 해대면서 몸집이 큰 사냥감을 전문으로 사냥하러 다니는 사냥꾼이 전 세계에서 몰려들었다. 각 지방 마하라자도 제각기 믿기 어려운 사냥 기록을 마구 쏟아냈다. 소문에 의하면 우다이푸르(인도 서북부 도시—옮긴이) 마하라자는 호랑이를 1000마리나 잡았고, 수르구자 마하라자는 1150마리를 잡았다고 주장하기도 했다.

1950년대에는 호랑이 가죽 가격이 50달러 정도였다. 10년 뒤에는 호랑이 가죽으로 만든 깔개나 외투가 1만 달러에 팔렸다. 서양의 모델과 여배우가 호랑이 가죽으로 만든 외투를 입으면서 호랑이 모피가 폭발적인 인기를 끌게 된 것이었다. 환경보호운동가 앤 라이트는 호랑이 가죽이 선반 가득 쌓인 캘커타 시장을 돌아다니며 정식으로 허가받은 가죽인지 꼼꼼하게 검사했다. 그러나 시장에 나온 호랑이 가죽 수는 전혀 앞뒤가 맞지 않았다. 1968년에 수출 허가증은 사냥 허가를 받은 500건으로 발생한 호랑이 가죽 3000장에 한해 발행되었다. 시장에서 거래되는 호랑이 가죽 대부분이 불법 거래였다.

그러나 인디라 간디 총리가 1966년에 집권하면서 상황은 달라졌다. 인디라 간디 총리는 호랑이가 처한 위기를 해결하기 위해 싸웠고, 발미크 타파르가 묘사한 대로 "인도에서 가장 훌륭한 야생동물 구원자"가 되었다. 인디라 간디 총리는 1969년에 호랑이 가죽 거래를 법으로 금지하고, 2년 뒤에는 호랑이 보호 정책을 추진하는 전담 부서를 신설했다.

러디어드 키플링이 1894년에 『정글 북』을 쓸 때만 해도 인도 아대륙 지역에는 호랑이 5~10만 마리 정도가 살고 있는 것으로 추정되었다. 1971년이 되자 남은 호랑이 수는 1800마리 정도였고, 호랑이 보호 전담 부서에서는 20세기 말이 되면 호랑이가 멸종할 것이라고 예측했다. 같은 해 델리 고등법원은 매년 400만 달러를 벌어들이는 호랑이 사냥을 법으로 금지했다. 1972년에는 야생동물 보호 법안이 국회에서 통과되었다.

이후 1973년에 인디라 간디 총리는 '호랑이 보호 사업'을 실시했다. 아직도 전 세계에서 가장 종합적이고 광범위한 호랑이 보호 계획으로 꼽힌다. 호랑이 보호구역 9군데를 새로 만들고, 보호구역을 순찰할 경비대원을 고용했으며, 보호구역 안에 살던 주민은 모조리 보호구역 밖으로 강제 이주시켰다. 인디라 간디 총리는 이렇게 말했다. "호랑이는 고립된 장소에서는 살 수 없습니다.

넓고 복합적인 생태계에서 최고 자리에 있는 동물입니다. 제일 먼저 호랑이 서식지를 보장해야 합니다."

인디라 간디가 1984년에 암살당할 때까지 호랑이는 4000마리로 늘어났고 먹잇감도 함께 증가했다. 그리고 인도는 전 세계에서 가장 성공적으로 야생동물 보호구역 사업을 진행한 나라로 평가받았다. "호랑이는 믿을 수 없을 정도로 번성했습니다." 앤 라이트의 딸이자 델리에 본사를 둔 인도야생동물보호협회를 이끌고 있는 벌린다 라이트가 말했다.

인디라 간디 총리의 아들 라지브 간디가 인디라 간디의 뒤를 이어 인도 총리직을 맡았다. 라지브 간디는 1986년에 환경보호 법률을 새롭게 마련하고, 인디라 간디 전 총리의 뜻에 따라 숲 보호 규정 관련 법률을 수정했다. "마지막 남은 예산 한 푼까지도 숲을 위해 모조리 쏟아붓겠다"는 각오였다.

호랑이 보호구역은 라지브 간디가 1991년에 임기를 마칠 때까지 19개로 늘어났다. 그러나 정치권에서는 경제성장을 이유로 줄이자는 움직임이 나타나기도 했다.

"인도에서 숲을 훼손하는 일은 절정에 달했습니다. 법이 있든 없든 상관없어요. 순전히 인간의 욕심 때문에 벌어지는 일입니다." 발미크 타파르는 이렇게 말했다. 숲은 훼손되고 물에 잠기고 채굴 작업으로 깎이고 공장이나 농업 용지로 바뀌어간다.

호랑이는 사라지고 있었다. 그것도 아주 빠르게. 여러 생물학자와 환경보호운동가가 나서서 정부 관계자에게 보고했지만, 누구도 귀담아듣지 않았다. 1993년, 델리에서 호랑이 뼈 400킬로그램(호랑이 30마리 정도 분량이다)을 압수하고 나서야 무슨 일이 벌어지고 있는지 확실하게 깨닫게 되었다. 중국 전통 의약품을 위한 호랑이 밀거래가 인도까지 범위를 넓힌 것이었다. 늘어나는 호랑이 수요를 감당하기 위해 인도 전역에서 독살하고 총을 쏘고 올가미를 놓아가며 호랑이를 수없이 잡아들였다. 벌린다 라이트는 1994년 인도야생동물보호협회를 설립하고 경찰과 협력해 함정 수사 작업을 펼치며 '인도 지역 호랑이에게 닥친 제2의 위기'라고 하는 이 상황을 해결하려 애쓰고 있다.

야생동물 보호구역 책임자나 호랑이 보호 사업 관련 공무원은 대부분 아직도 호랑이 수가 늘고 있다는 잘못된 자료에 근거하여 호랑이가 멸종 위기에 처해 있다는 경고를 무시한다. 그들은 2002년 자체 조사로 호랑이 개체 수를 3642마리로 추정했다. 이 수치는 호랑이 발자국만으로 조사해서 같은 호랑이가 여러 번 계산되었을 수 있기 때문에 신뢰도가 아주 낮다. 이 엉터리 조사 작업에 340만 달러가 들었다.

기자이자 호랑이 전문가인 프레르나 싱 빈드라는 줄어드는 호랑이 수에 대해 자세한 기사를 썼다. 한 정부 관계자는 기사를 두고 "기자가 상상력을 동원해 꾸며낸 이야기"라고 말하기도 했다. 그러나 2004년 6월, 생각지도 못한 일이 머리기사로 버젓이 실려 전국적으로 보도되면서 충격적인 사실이 밝혀졌다. 델리 인근에 위치한 사리스카 호랑이 보호구역에 호랑이가 전혀 살지 않는다는 것이었다. 밀렵꾼 사내 3명이 체포되어 호랑이를 사냥하는 일이 전혀 어렵지 않았다고 자백했다. 보호구역 경비대원이 사용하는 무전기는 작동하지 않았고, 장마철이면 전체 300명의 경비대원 중 몇 명만 나와서 근무했다고 했다. 미국 FBI에 해당하는 인도 중앙 수사국Central Bureau of Investigation에서 작성한 수사 기록을 보면, 인근 지역 주민과 인도 외 지역의 탄탄한 중간 상인 조직이 관련되어 있다고 나와 있다.

인도 호랑이 보호 사업단이 추진한 일은 발미크 타파르가 쓴 대로 "몹시 비뚤어진 성공 이야기"가 되어버렸다. 2006년 사업단 감사 보고서에는 호랑이 보호 사업이 부패와 관리 소홀로 엉망이었다는 사실이 여실히 드러나 있다. 사업 자금은 주 정부에서 다른 용도로 빼돌리기 일쑤였다. 경비대원이 일을 그만두거나 은퇴해도 충원되지 않았다. 등록된 경비대원의 30퍼센트는 공석이었고, 경비대원 평균 연령은 50세가 넘었다. 남은 경비대원은 대나무 막대기나 구식 소총을 들고 걸어서 순찰을 도는 게 고작이었다. 반자동총으로 무장한 밀렵꾼에 비해 매우 뒤떨어지는 무기였다. 주요 보호구역에서 호랑이가 멸종해버린 상황에 당황스러워하며 인도 정부에서는 즉각 국립 호랑이 보호국National Tiger Conservation Authority을 신설했다.

한편 판나 호랑이 보호구역에서는 라구 춘다와트 박사가 수년간 연구하던 동물을 잃은 사건이 발생했다. 가장 처음 일어난 사건은 2002년 어미 호랑이 1마리가 새끼 2마리를 남겨둔 채 죽은 사건이었다. 라구 춘다와트 박사가 사라진 호랑이에 대해 외부에 알리자, '내부 고발자' 취급을 받았다. 박사는 연구 권한을 빼앗기고 공원 밖으로 쫓겨났다. 게다가 말도 안 되는 이유로 여러 차례 고소당했고, 그중 일부는 아직 해결되지 않은 것도 있다. 밀렵이나 불법 개발 실태에 대해 입을 열었다가 핍박당하는 연구원만 15명이 넘는다.

2008년에는 인도 야생동물연구소에서 심각한 보고서가 발표되어 인도와 전 세계를 충격에 빠트렸다. 호랑이 보호 사업이라는 명목으로 34년 동안 4억 달러를 투자했는데도 다 자란 호랑이가 1411마리밖에 남지 않았다는 보고서였다. 사상 최저 수준이었다. 인도 야생동물연구소에서는 카메라 트랩을 이용해 조사했기 때문에 어떤 조사 결과보다 더 정확한 수치였다. 물론 핵심 서식 지역 몇 군데는 이동이나 보안 문제 때문에 조사하지 못한 점을 고려하더라도 말이다. 6년 전 엉터리 조사 결과에 비하면 모든 서식지에서 기존의 반에 지나지 않는 개체 수로 전반적으로는 60퍼센트가 줄어든 수치였다.

지난해 판나 호랑이 보호구역에서는 마지막 남은 호랑이마저 사라졌다. 해당 주 산림청과 주 정부는 수많은 야생동물 보호운동가, 인도 환경산림부, 인도 총리실로부터 진상을 밝히라는 압력을 받으면서도 인도 중앙 수사국 수사에 응하지 않고 있다. 그렇지만 2010년에는 좋은 소식도 있었다. 번식 가능한 핵심 호랑이 개체 수가 1706마리로 늘어나 꽤 안정화되었다는 것이었다.

현재 인도 내 호랑이 보호구역은 42개로, 총 면적은 인도 국토의 1퍼센트에 해당한다. 일부 보호구역에는 호랑이 수가 아주 적다. "보호구역을 지정하는 일이 도깨비방망이는 아닙니다." 환경 조사기관 수사관인 데비 뱅크스가 말한다. "인력과 자원이 여전히 부족합니다. 그리고 정치권에서 뒷받침해주어야 호랑이를 보호할 수 있습니다." 지난 2년 동안 여러 가지 원인을 모두 합한 호랑이 사망 건수는 최고였다. 2011년에는 71건, 2012년에는 사상 최고인 88건을 기록했다.

반다브가르 국립공원에는 호랑이 59마리가 서식하고 있다. 반다브가르 국립공원은 80여 개 마을에 둘러싸인 섬 같은 곳이다. 공원 경비대는 늘 호랑이의 소재를 파악하고, 코끼리를 타고 호랑이를 구경하는 관람료를 아주 높게 책정했다. 덕분에 공원 어디든 마음대로 다닐 수 있는 무료 입장객인 나 혼자밖에 없을 때도 있었지만, 호랑이가 생활하는 모습을 보기란 꽤 힘든 일이었다.

최근까지 인도 내 보호구역 밖에서 서식 중인 호랑이 수는 파악되지 않아서
인도에 서식 중인 호랑이 개체 수에 포함되지 않았다.
사진 속 호랑이는 반다브가르 국립공원 안에서 어슬렁거리다 사진에 찍혔다.

인도 호랑이 전문 생물학자이자 환경운동가

인도 서 고츠 산맥 지역에서 환경운동가들이 성공을 거둔 데는 긴 사연이 있다. 서 고츠 산맥은 인도 서남쪽 지방에 위치한 산맥으로, 숲은 히말라야 산보다 더 오래되었고 호랑이가 전 세계에서 가장 많이 살고 있는 지역이다. 2004년 인도 대법원은 쿠드레무크 국립공원 내에서 작업 중인 철광산을 폐업하라는 판결을 내렸다. 2011년에는 나가라홀 호랑이 보호구역을 지나는 고속도로가 방향을 바꾸어 다시 건설되기도 했다. 전년도에는 야행성인 야생동물을 보호하기 위해 반디푸르 호랑이 보호구역 한가운데를 가로지르는 고속도로에서 야간 운전을 금지하는 조치가 마련되었다. 2013년에는 반디푸르 보호구역을 지나는 철도 건설 계획이 보류된 한편, 잘 보존된 보호구역에 들어설 계획이던 수력 발전소 12개가 전면 취소되었다.

더구나 12억에 달하는 인구를 지닌 자원 부족 국가에서 개발로 인한 마찰을 모두 극복하고 더 넓은 보호구역이 새롭게 지정되었다는 점은 아주 인상적이다. 새로 지정된 보호구역은 국립공원, 호랑이 보호구역, 야생동물 보호구역 11군데와 서로 연결되며, 7700제곱킬로미터에 달하는 귀중한 곳으로 지난 40년 동안 지정된 보호구역으로는 가장 넓은 면적을 자랑한다.

여기에는 야생동물 생물학자인 산제이 구비의 공이 매우 컸다. 산제이 구비는 호랑이와 다른 종 간 상호작용에 대해 연구하는 일뿐만 아니라, 호랑이를 보호하기 위한 싸움도 계속하고 있다. 산제이 구비는 새로운 보호구역이 지정되는 데 앞장섰고, 지정 예정 지역에서도 역시 중요한 역할을 해왔다. "우리가 재빨리 움직여 우리 땅을 보호하지 못한다면 10년 안에 모두 망가지고 말 겁니다." 산제이 구비가 말한다. 산제이는 도로 폐쇄 제안서를 작성하고, 호랑이가 지나다니는 길목에

불법으로 숙박업소를 건설하는 일을 막기 위해 애쓰고 있다. 산제이 구비는 신문 사설이나 잡지에 계속 글을 쓰면서 대중에게 알리고 지지를 얻는 일도 진행한다. 산제이 구비가 대중매체를 통해 속도가 매우 빠른 기차가 운행될 경우 야생동물 충돌 사고를 피할 수 없다는 글을 게재하며 철도 건설 사업을 공격하자, 인도 정부에서는 서둘러 반디푸르 지역 철도 건설을 취소한 바 있다.

환경보호운동가들이 대부분 정부 기관과 일하기 꺼리는 데 비해, 산제이 구비는 정부 관료, 정치인, 사회단체나 지역 단체 지도자와 함께 오랜 시간 일하고 있다. 엔지니어로 일했던 예전 경험을 바탕으로 실용적인 문제 해결 방식을 갖춘 덕분이다. 산제이 구비는 환경보호 사업의 상당 부분은 정부에서 은밀하게 이루어진다고 말한다. "우리는 연구 결과를 발표해 사람들에게 알려야 합니다. 그렇지만 과학적인 실험 결과를 실행에 옮길 권한이 있는 핵심적인 사람에게도 보여줘야 하거든요." 산제이 구비는 카르나타카 주에서 호랑이 및 야생동물 보호 위원회 위원직도 맡고 있다. 산제이 구비가 그 일에 매우 의욕을 보이는 이유는 카르나타카 주 출신이기 때문이다. 산제이 구비는 카르나타카 지방어인 칸나다어를 쓰고, 카르나타카 지역을 누구보다 잘 알며, 그 지역 유력 인사를 오랫동안 알고 지내왔다. 덕분에 일을 훨씬 수월하게 진행할 수 있었다. 산제이 구비는 보이스카우트 시절, 별이 빛나는 하늘 아래서 야영하면서 자연을 사랑하는 마음을 키웠다. 훗날 산제이 구비는 카르나타카 지역의 새와 포유류 자연보호운동을 벌이기도 했다. 2011년에는 그동안 자원봉사활동을 하던 야생동물보호협회에 정식 직원으로 취업해서 인도 최고 호랑이 생물학자인 울라스 카란트와 함께 일하고 있다. 2011년에 산제이 구비는 판테라 사와 인도 내 호랑이 보호 사업을 함께 추진하기로 합의했다. 그리고 지역 자연보호재단에서 과학자로 일한다.

현장에서 직접 일하면서 산제이 구비는 호랑이와 호랑이 먹잇감을 보호하는 사업에서 최일선 담당자, 즉 보호구역 경비대원이 매우 중요하다는 사실을 깨달았다. 그러나 공원 경비대원은 급여가 몹시 낮고 장비도 매우 부족하다. 산제이 구비는 관광 사업으로 벌어들이는 수익을 카르나타카 지역 5개 호랑이 보호구역에서 일하는 경비대원 1500명을 위해 써야 한다고 주 정부를 설득했다. 덕분에 경비대원에게 더 좋은 장비를, 자녀에게는 좋은 학교를 마련해주는 한편 주택을 비롯하여 위험한 일을 하는 사람에게는 꼭 필요한 의료보험 등을 보장해줄 수 있게 되었다.

그러나 반발도 만만치 않았다. 환경보호운동가들과 함께 쿠드레무크 철광산 회사 폐업 판결을 얻어낸 후, 산제이 구비는 해당 회사를 지원해주던 산림부 관리에게 말도 안 되는 이유로 여러 차례 고소를 당했다. 이런 식으로 환경보호운동가를 괴롭히는 일은 종종 발생한다. 9년이 지나서야 송사는 대부분 해결되었다. 산제이 구비는 차세대 환경보호운동가를 양성하고 있다. 그리고 생태학자 리드 노스가 한 말을 인용하면서 즉각 행동에 나서야 한다고 이야기한다.

"환경보호운동가, 생물학자가 입을 다물어버리면 경제학자, 개발업자, 산업주의자, 벌목 회사 간부, 축산업자를 비롯한 다른 사람의 목소리만 커질 겁니다. 이들 중 누가 생물의 다양성을 이야기해야 할까요?"

12월 어느 날 오후, 우리는 차를 몰고 길모퉁이를 돌다가 잠자던 호랑이를 깨웠다. 나는 호랑이 먹이가 되는 것이 어떤 느낌인지 아주 잠깐이었지만 절실히 알 수 있었다. 226킬로그램짜리 호랑이가 눈 깜짝할 새에 벌떡 일어나 사납게 달려들었기 때문이었다. 그러다가 호랑이는 별안간 공격을 멈추고는 몸을 홱 돌리고 걸어갔다.

몇 주가 지난 뒤 어느 날 저녁, 호랑이가 구슬프게 울부짖는 소리를 들었다. 멈출 기미도 보이지 않았고, 울음소리는 계곡 전체를 가득 메웠다. 소리가 나는 쪽으로 차를 타고 다가가자 울부짖는 호랑이 울음소리와 필사적으로 지저귀는 새소리, 엑시스사슴(흰 반점이 있는 사슴으로 인도나 스리랑카에 서식한다—옮긴이)이 제 무리에게 위험을 알리는 얇고 높은 소리 등이 불협화음을 이루며 점점 더 크게 들려왔다. 사슴과 랑구르원숭이(몸집이 작은 인도산 원숭이—옮긴이) 여러 마리가 저 멀리 도망가는 모습이 눈에 띄더니 드디어 울부짖는 암컷 호랑이 모습이 보였다. 그렇지만 해가 지고 있었기 때문에 공원 밖으로 나가야 했다.

다음 날, 해가 뜨기도 전에 돌아가 여전히 울부짖고 있는 호랑이를 다시 발견했다. 반다브가르 내 호랑이의 우두머리인 수컷 바메라Bamera가 암컷 호랑이에게 다가가는 모습이 보였다. 둘은 갑자기 얼굴을 부비더니 함께 걸었다. 암컷 호랑이가 바닥에 앉았고 사나운 싸움이 벌어졌다. 호랑이 2마리가 요란스럽게 으르렁거리며 서로를 공격하고 때렸다. 싸움은 수컷 바메라가 암컷 호랑이 등에 올라타 목덜미를 꽉 물고 나서야 멈췄다. 바메라는 암컷 호랑이의 목을 꽉 물고 짝짓기를 했다. 호랑이 2마리는 떨어지더니 몇백 미터 정도를 천천히 걸어갔다. 그리고 요란스럽고 격렬하게 의식을 반복했다. 그러더니 숲 속으로 모습을 감추었다. 그래도 서로 달려드는 소리가 한동안 계속 들려왔다. 하치 말로는, 그 이후로도 20분 간격으로 밤낮없이 며칠간 짝짓기를 하더라고 했다.

호랑이의 짝짓기와 출산, 여러 가지 생활 방식 등 아직 연구해야 할 부분이 남아 있다. 저명한 호랑이 생물학자인 조지 샬러 박사가 1963년 인도 중부 지방에 있는 카나 국립공원에 오기 전까지 호랑이에 대한 대부분의 정보는 사냥꾼들에게 전해 들은 것이었다. 그것도 총으로 호랑이를 겨냥하며 호랑이가 옮겨 다닌 곳을 추적하거나, 몰래 숨어 호랑이를 지켜보면서 얻은 정보였다. "호랑이가 움직이는 거리나 이동 경로, 새끼를 낳는 주기, 성장이 다 끝난 새끼 호랑이가 언제 어미 곁을 떠나는지, 또 호랑이가 어떤 위험에 처했는지 등에 대해 완전히 알지 못하고서는 호랑이를 보호할 수 없습니다." 조지 샬러 박사의 말이다. 조지 샬러 박사는 호랑이와 먹잇감에 대해 연구하여 「사슴과 호랑이The Deer and the Tiger」라는 매우 중요한 논문을 발표했는데, 이 연구는 아직도 생물학 분야에서 값진 것으로 평가받고 있다. 라구 춘다와트, 울라스 카란트, 산제이 구비, 잘라, 비바시 판다브 같은 뛰어난 과학자가 중요한 연구를 진행하고 있다.

카나 국립공원 내 방문객을 1년에 100명으로 제한하고(현재 1년 방문객이 14만 명에 이른다) 과학자에게는 출입을 개방한 덕분에, 조지 샬러 박사는 자유롭게 동물을 관찰하며 연구할 수 있었다. 나는 조지 샬러 박사와 똑같은 수준으로 허가받을 수 없다는 사실을 잘 알았다. 그러던 중, 반다브가르 국립공원에서 촬영 작업을 위해 준비하려고 카메라 트랩을 챙길 겸 호랑이를 아주 가까이에서 찍을 수 있는 장비가 있는지 확인하러 내셔널지오그래픽 사 지하에 있는 사진 기술 부서에 들렀다. 그러다가 사무실 한쪽 구석에서 비디오카메라를 달아도 될 만큼 꽤 큰 원격 조종 자동차를 찾아냈다. 엔지니어인 월터 보그스, 데이브 매슈스 그리고 야마구치 겐지가 원격 조종 자동차를 약간 개조해 카메라와 비디오를 촬영할 수 있도록 작은 화면을 달아준 덕분에 렌즈를 통해서 볼 수 있었다.

그런데 로봇 카메라가 운송 도중에 망가져버렸다. 나는 비서 드루와 임시방편으로 손을 봐서 다 큰 새끼 호랑이 사진을 몰래 찍으려고 해보았다. 새끼 호랑이는 카메라로 다가가 킁킁거리고 핥아보더니, 집고양이가 장난감을 가지고 놀듯 툭툭 쳐보기도 했다. 다행히 원격 조종 카메라가 완전히 망가지기 전에 사진 몇 장을 건질 수 있었다.

새해가 밝기 무섭게 벌린다 라이트가 전화를 걸어왔다. 인도야생동물보호협회가 가진 정보망을 이용해 타도바 안다리 호랑이 보호구역 근처에서 남자 여럿을 체포했다는 소식이었다. 우리는 바로 차를 타고 반다브가르에서 남쪽으로 12시간을 달려 자정 가까이 되어서야 자그마한 호텔에 도착해 짐을 풀었다. 다음 날 아침에 교도소로 향했다. 밀렵꾼은 옥상에 모여 있었다. 사내 6명이 손목이 묶인 채 호랑이 가죽 앞에 앉아 있었다. 취재하러 온 기자를 위해서였다. 체포된 범인들은 연령대가 17세부터 40세까지였는데, 인근 마을에 사는 일가족이었다.

그들은 15일간 교도소에서 지내다가 보석금을 내고 풀려났다. 야생동물 관련 범죄를 저질러도 유죄 선고를 받을 확률이 3퍼센트밖에 되지 않아 별로 걱정하지 않는 듯했다. 경찰이 작성한 서류에 아주 작은 실수만 있어도 재판이 기각되기 일쑤였다. '황갈색' 가죽 대신 '갈색'이라고 쓴다든지 하는 실수조차 그랬다. 증거가 확실한데도 몇 년 동안 재판이 끝나지 않는 경우도 있었다. 엄격한 야생동불 관련 법률에도 불구하고 유죄를 선고받고도 낮은 벌금형이나 단기간 징역형으로 끝나는 경우도 허다하다. 인도야생동물보호협회 기록에 따르면 1974~2010년에 적발된 호랑이 관련 범죄 885건 중 유죄 선고를 받은 사건은 겨우 16건, 41명에 지나지 않았다. 벌린다 라이트는 1만 건이 넘는 재판이 여전히 진행 중이라고 추정한다.

밀렵꾼 대부분은 상습범이다. 인근에 사는 잔챙이 밀렵꾼도 있지만, 온 가족이 함께 멀리까지 진출하여 일하는 전문 밀렵꾼 조직도 많다. 밀렵꾼이 숲에서 금속으로 만든 올가미를 설치하거나 동물 사체에 1달러짜리 농약을 바르는 동안, 밀렵꾼 아내는 이를 감추기 위해 인근 마을에서 싸구려 장신구를 팔곤 했다. 조루 다스처럼 상습범인 경우도 있다. 조루 다스는 사리스카 호랑이 보호구역에서만 6번 기소되었고, 체포될 때마다 요리조리 피하면서 보석금을 내고 풀려나서는 사라져버렸다.

밀렵꾼은 우연히 잡히기도 하고 공들여 함정 수사를 펼친 끝에 체포되지만, 체포된 이들은 대부분 조직에서 지위가 가장 낮거나 전혀 영향력이 없다. 호랑이 가죽이나 뼈의 밀거래를 진두지휘하는 두목은 보통 도시 밖 먼 곳에서 아랫사람을 조종해 거래하기 때문이다. 악명 높은 밀렵꾼 중 한 사람인 산사르 찬드는 인도 야생동물 거래량의 반을 장악하고 있다고 알려졌는데 '인도 최악의 밀렵꾼'이라고 불릴 정도다. 산사르 찬드는 16세에 처음 체포되었다. 현재 나이는 55세로 야생동물 관련 재판 기록만 57건이며, 그가 이끄는 밀렵 조직원은 사리스카 밀렵에도 관련되어 있었다. 2006년, 인도 중앙 수사국에서 심문을 받고 산사르는 네팔과 티베트에 있는 거래처 4곳에 호랑이 470마리를 팔아넘겼다고 자백했다. 산사르는 자신의 명의로 된 은행 계좌조차 없는데도 2010년에는 델리에서 가장 비싼 부동산을 비롯해 부동산 45군데를 소유하고 있었다. 산사르 찬드는 최근 5년 징역형을 선고받고 복역 중이다. 그런데 감옥에서도 여전히 친구와 가족을 통해 밀렵 조직을 관리하고 있다.

산사르 찬드 같은 밀렵 조직 두목은 밀렵 과정 전체를 기획하고 자금을 대며 호랑이 가죽, 뼈, 신체 부위 등을 경계가 몹시 허술한 인도 북부 국경을 통해 빼돌린다. 최종 목적지는 중국이며, 네팔을 거치는 경우도 자주 있다. 벌린다 라이트에 따르면, 수백 년 동안 국경 인근 마을에서 불법 밀거래가 이루어졌다고 한다. 일단 인도 국경을 넘은 후에는 보통 속이 빈 통 안에 숨겨 트럭으로 옮기거나, 당나귀나 야크가 끄는 수레에 싣고 히말라야 산기슭이나 티베트 고원을 넘어 운반했다. "밀렵꾼은 법의 허점을 잘 파악하고 있으며, 부패한 관리를 다루는 방법도 잘 알고 있습니다." 데비 뱅크스는 말한다.

티베트 지역에서 대량으로 이루어지던 호랑이 가죽 거래는 2006년 초쯤 사라졌다. 티베트의 신성한 종교 지도자인 달라이 라마가 벌린다 라이트와 데비 뱅크스가 보낸 서류를 읽고 티베트인에게 멸종 위기에 처한 호랑이 가죽을 입거나 거래하는 일을 중단하라고 요청했기 때문이었다. 당시 티베트인은 부를 과시하기 위해 축제 때마다 호랑이 가죽을 입었다. 롤렉스 시계를 자랑스럽게 차고 다니듯이 말이다. 그러자 밀수꾼은 거래 장소를 중국으로 바꾸었다. 당시 중국에서는 고급스럽게 집안을 장식하기 위해 호랑이 가죽을 사려는 수요가 급증했기 때문이다.

중국 정부는 1993년에 호랑이 뼈의 국내 거래를 금지했는데, 호랑이 가죽은 예외였다. 1989년에 통과된 환경보호법은 호랑이를 포함한 야생동물 사육과 사용을 더욱 부추기는 꼴이 되었다. 관련 규정이 지난 10년 동안 바뀌어 농장에서 사육한 호랑이 가죽은 국내 거래가 가능하다고 데비 뱅크스는 말한다. 최근 환경조사기관에서는 위장 수사를 통해 사육한 호랑이 가죽이 야생 호랑이 가죽보다 3배 가격이라는 사실도 알아냈다. 가격이 비싼데도 야생 호랑이 가죽보다 수요가 훨씬 더 많다고 했다. 대부분은 인도와 네팔에서 건너온 것이었다.

물품 압수 조치와 체포가 그저 허울뿐이라는 것 말고도 중국 정부는 호랑이 밀수를 주도하는 국제 범죄 조직을 규제하거나 자국 내 호랑이 뼈와 가죽에 대한 폭발적인 수요를 잠재우지 못하고 있다. 그리고 인도에서도 강력한 법규가 마련되어 있는데도 국경을 넘는 호랑이 밀거래를 막지 못하고 있는 것도 확실하다. "법 조항에는 '정확한 집행' '여러 관련 기관의 협력' '국제적인 협력'이라는 말이 명시되어 있지만 실제로 이루어지는 경우는 거의 없습니다." 벌린다 라이트가 말한다. 벌린다 라이트는 왜 법 집행 기관에서 국제적으로 이루어지는 범죄 정보를 공유하지 않는지 몹시 의아해한다. "왜 호랑이가 서식하는 국가에서 인터폴을 활용해 인터폴이 갖추고 있는 비밀 정보망과 방대한 자료를 범죄 용의자를 찾는 데 이용하지 않는 걸까요? 왜 야생동물 관련 범죄에 대한 압수, 체포, 기소, 유죄 선고를 중앙집권화시키는 일이 그렇게 어려운 걸까요?" 벌린다 라이트가 설립한 인도야생동물보호협회가 확보한 야생동물 관련 범죄 자료는 인도의 어느 기관보다 정확하다. 2만2000건이 넘는 야생동물 범죄 관련 재판 기록과 1만9000명의 범죄 용의자 정보를 정리해 보유하고 있다.

데비 뱅크스는 밀렵이라는 위험 요소가 완전히 사라져야 야생 호랑이가 서식지에서 개체 수를 늘려갈 수 있을 것이라고 덧붙인다.

타도바 보호구역까지 차를 몰고 가는 동안, 창밖으로 또 다른 참담한 실상을 똑똑히 확인할

사진 속 남성들은 2011년 1월에 인도 찬드라푸르 근처에서 호랑이 가죽을
팔다 체포되었다. 경찰이 인도야생동물보호협회 정보망을 통해 정확한 제보를 입수했다.
체포된 남성들은 인근 마을에 사는 한 집안사람들이었다.

수 있었다. 타도바 보호구역도 반다브가르를 포함한 대부분 호랑이 보호구역 대부분이 그러하듯이 면적이 좁고 인간의 바다에 둘러싸인 모습이었다. 고삐 풀린 개발 붐으로 보호구역 사이를 연결하여 호랑이의 이동 통로가 되는 숲이 모조리 훼손되었다.

인도에 서식 중인 뱅골호랑이 4분의 1 정도는 보호구역 13개가 하나로 연결되는 인도 중부 호랑이 지구라고 알려진 곳에 살고 있다. 보호구역 사이에 이동 통로 역할을 하는 숲은 호랑이에게는 생명줄과도 같은데, 울창하지는 않지만 이동 통로는 되어줄 수 있는 숲마저 점점 자취를 감추고 있는 실정이다. 차를 타고 지나면서 본 숲은 대부분 베어지고 산산조각 났으며, 곳곳에 채굴 작업 흔적이 역력했다. 농지, 시가지, 도시를 만들기 위해 나무를 모조리 베어냈고, 8차선 고속도로와 철로까지 가로지르고 있었다. 그렇게 혹독한 시련 속에서 호랑이가 살아남기란 힘들어 보였다. 그렇지만 새끼 호랑이는 다 자라 성체가 되면 제 영역을 만들어 독립해야 한다. 건강한 유전자를 유지하기 위한 자연의 법칙이기도 하다. 고립된 보호구역 내에서만 서식하게 되면 호랑이 사이에 근친교배가 이루어져 약하고 병에 잘 걸리는 유전적인 질환을 얻게 된다. 그래서 호랑이는 자신만의 영역을 찾아 떠날 수 있는 안전한 통로가 반드시 필요하다.

프레르나 싱 빈드라는 이 지역 호랑이에게 닥친 가장 불행한 진실은 호랑이가 밟고 선 땅 아래에 광물자원이 매우 풍부하게 묻혀 있는 것이라고 말한다. 이곳에는 인도 전역에서 석탄과 철이 가장 많이 매장되어 있다. 인도야생동물보호협회 자문 위원이자 인도 야생동물보호 상임위원회 의장직을 맡고 있는 그는 개발 사업이 무절제하게 호랑이 서식지를 마구 집어삼키는 행태라고 평가한다. 프레르나 싱 빈드라는 수많은 탄광 개발을 포함해 호랑이가 이동할 수 있는 길을 산산

조각낼 계획안에 대해서 설명해주었다. 고속도로 하나가 건설되자 호랑이 구역 3개를 잇는 통로가 끊어져 호랑이 150마리에게 영향을 미쳤다. 새로운 도로가 건설되면 영역과 통로를 완전히 차단해서 야생동물은 차도를 건너 이동하다가 죽음을 맞는다. 곧 시행 예정인 수력발전소 건설 계획은 호랑이가 사는 핵심 서식지를 모조리 물속에 잠기게 할 것이다. 프레르나 싱 빈드라는 많은 이야기를 솔직히 털어놓았다.

호랑이가 사는 숲마저 개발해야 한다는 압력이 거세지고 있지만, 인도 정부는 성장률을 6퍼센트로 끌어올리겠다는 계획을 세울 때 야생동물의 안위도 반드시 고려해야 한다고 말한다. (2012년 미국 성장률이 2퍼센트라는 점을 참고하라.) 미국뿐만 아니라 모든 국가에서 환경 대 경제 성장이란 문제는 늘 논란의 중심이었다. 최근 「타임스 오브 인디아」에 실린 사설에서 한 사회기반시설 전문가는 환경보호운동을 '녹색 폭력주의'라고 부르며 논란에 불을 붙였다. "우리는 환경보호를 위한 '예방책'이 '폭력'적인 환경보호운동으로 변질되는 상황을 내버려둘 수 없습니다." 스리바차 크리시나가 말했다. "인도가 가장 먼저 고려해야 할 점은 국민에게 에너지가 얼마나 필요한지 살피는 것이지, 잡다한 동물 따위에 신경쓸 때가 아닙니다." 인도 총리 만모한 싱도 경기 침체에서 벗어나기 위해 개발을 가로막는 환경보호운동을 비난하고 나섰다. 기업에서 개발을 위한 로비에 열을 올리면서 호랑이 서식지에서조차 여러 가지 규제가 풀리고 있다.

한편, 최근 인도 환경산림부에서는 이전에는 신성불가침 지역이던 숲의 80퍼센트를 광산 개발을 위해 허용했다. 지난 15년 동안 인도는 숲의 총 4분의 1을 잃었다.

"자연림은 인도에서 사라질 수밖에 없습니다. 현재 남은 1~2퍼센트에 불과한 숲마저 잃어버린다면 말이지요." 마하라슈트라 주 국유림 책임자인 프라빈 파르데시가 말한다. "숲은 한번 훼손되면 되살릴 방법이 전혀 없습니다."

　이렇게 땅 싸움이 치열한 가운데 매우 인상적으로 성공을 거두고 있는 곳도 있다. 인도 서남쪽에 위치한 카르나타카 주에서 호랑이 생물학자인 산제이 구비가 40년 만에 처음으로 인도에서는 가장 넓은 보호구역을 만드는 데 성공한 것이다. 나가라홀 보호구역 등 중요한 호랑이 보호구역 여러 곳이 있는 지역이었다. 야생동물 생물학자인 울라스 카란트 박사가 처음으로 개체 수를 조사한 이후 20여 년 동안 호랑이는 수를 계속 늘려가며 안정 상태에 접어들었다. 규모는 작지만 나가라홀 호랑이 보호구역은 '핵심 서식지'의 본보기로, 서 고츠 산맥 지역에서 실시하는 '호랑이여 영원하라' 사업 전략에서는 빼놓을 수 없는 곳이다. 나가라홀과 인근 반디푸르 보호구역은 호랑이 보호 사업이 성공적으로 이루어질 경우 호랑이가 반드시 개체 수를 회복한다는 사실을 잘 보여주는 성공적인 본보기라고 할 수 있다. 성체가 된 젊은 호랑이는 3개 주에 걸쳐 조성된 서 고츠 산맥 지역 호랑이 보호구역 내 다른 곳으로 이동하며 영역을 옮겨 가고 있다. 일부 구역은 드넓은 인근 숲과 이어져 있다. 이 지역은 인도에서 가장 넓은 '호랑이 서식 지구' 4군데 중 한 곳으로, 동북쪽으로(카지랑가, 마나스, 또 다른 보호구역 여러 곳이 에워싸고 있다) 티베트 국경을 따라 뻗은 히말라야 산기슭(코르베트 호랑이 보호구역이 있다)과 인도 중부 지역까지 아우르는 드넓은 곳이다. 각 호랑이 보호구역은 모두 호랑이가 인접 지역까지 행동 영역을 넓혀 이동할 수 있는 조건을 잘 갖추고 있다.

　서 고츠 산맥 지역에는 좁은 보호구역 안에서 매일 인간이 움직임을 확인하고 관리하는 다른

암컷 호랑이가 거의 다 자란 새끼 호랑이들을 데리고 망가진 울타리를 통해 반다브가르 국립 공원 밖으로 나가는 모습이 카메라에 찍혔다. 행동 영역이 매우 넓은 호랑이는 국립공원 밖으로 나가 인간 거주지와 공원 사이를 오가는 일이 매우 잦은 편이다.

곳의 호랑이와는 달리 진정한 야생 호랑이 280마리 정도가 살고 있을 것으로 추정된다. 특히 다른 곳에서 판나나 사리스카 보호구역으로 영역을 옮겨 온 호랑이는 주의 깊게 관찰한다. 발미크 타파르는 이들을 야생 호랑이라고 부를 수 없다며 이렇게 말했다. "헬리콥터로 호랑이를 데려와서 낙하산을 태워 숲에 내려 보낸 호랑이입니다. 위성 신호 송신기가 달린 목걸이를 채우고 제한된 구역에서 호랑이 이동 경로를 계속 확인하지요. 100명이 호랑이를 지켜보고 있어요. 인간이 키우는 셈이나 다름없어요."

산제이 구비는 카르나타카에서 호랑이 보호에 성공한 이유가 주 정부가 호랑이 서식지를 보존하기 위해 총력전을 벌이고 있는 비정부기구와 협력해 보호구역 내에서 일어나는 밀렵을 강력하게 단속한 덕분이라고 말한다. 소위 호랑이 안식처라는 보호구역 내에서조차 호랑이는 공원 안팎을 가득 메운 인간 수백만 명에게 둘러싸여 있었다.

반다브가르 국립공원 내 마을 여러 군데에서는 주민이 이주하기 시작했다. 내가 반다브가르 국립공원 언저리 숲 속 마을에 들렀을 때 주민들은 짐을 싸고 있었다. 보호구역 밖으로 이주할 경우 1가구당, 그리고 18세가 넘은 자녀 1명당 정부에서 '특별 보상금'을 지급했다. 금액은 100만 루피(1만 8520달러, 한화 1870만 원 정도—옮긴이)로, 그중 10분의 1로 새집을 짓고 나머지는 은행에 예금을 들었다. 예금 이자 수입이 농사를 지을 때보다 훨씬 더 많았다. 주민들은 수도와 전기시설이 잘 갖추어지고 학교와 병원도 가까운 곳에서 살 예정이다. 그리고 가축도 예전보다 훨씬 더 안전하게 기를 수 있게 되었다.

그렇지만 좋은 결정이라고 해도 인간이 관리하는 일은 자연의 질서에 영향을 미칠 수밖에 없다. 보호구역 내에서 거주하던 주민이 떠나자 마을 근처에서 살던 암컷 호랑이가 보호구역 안으로 들어갔다. 암컷 호랑이는 염소와 젖소 등 먹잇감을 잃은 셈이다. 경비대원 1명이 한밤중에 격렬한 싸움이 벌어지는 소리를 들었다. 보호구역 안으로 들어간 암컷 호랑이가 어미를 밀렵으로 잃은 것이 분명한 1년생 새끼 호랑이와 맞닥트리자 죽여버린 것이었다. 호랑이는 죽음을 무릅쓰고 영역 싸움을 벌인다. 그리고 반다브가르 국립공원이 좁다고 지적하는 이유가 바로 여기에 있다.

현장 이야기 | 발미크 타파르

인도의 작가, 영화 제작자이자 호랑이 전문가

인도에서 가장 뛰어난 호랑이 전문가인 발미크 타파르는 기자였던 부모님 아래서 자라며 환경보호운동가의 마음을 갈고닦았다. 발미크 타파르의 가족은 인도 전 총리 인디라 간디와 친분이 깊어 사회 고위층 인사의 모임에 자주 참여할 수 있었던 덕분에, 그는 정부와 정치인이 어떤 식으로 일을 처리하는지 파악하는 통찰력을 일찍부터 갖추었다.

발미크 타파르는 대학 졸업 후 회사에 취직하는 대신 사진 찍는 일을 하다가 곧 다큐멘터리 영화를 만드는 일에 매력을 느꼈다. 1976년 발미크 타파르는 라자스탄 주 란탐보르 야생동물 보호구역에서 「라자스탄의 깊은 밀림 속에서Deep in the Jungles of Rajahasthan」라는 영화를 찍었다. 그곳에서 발미크 타파르는 보호구역 책임자인 파테 싱 라토레를 만났다. 두 사람은 평생 친구가 되었고, 발미크 타파르는 '호랑이 전문가'가 되었다. 발미크 타파르는 자신에게 가장 소중하고 아름다운 추억인 란탐보르에서 처음으로 호랑이를 만났던 일을 자세히 말해주었다. 야영지에서 모닥불을 피우고 앉아 있는데 숲에서 쩌렁쩌렁한 소리가 나더니, 풀밭 사이로 호랑이가 움직이는 모습이 모닥불 빛에 희미하게 드러났다고 했다.

그때부터 발미크 타파르는 전에는 전혀 보지 못했던 비밀스러운 호랑이의 생활을 찾아다니며 기록하는 일에 매달렸다고 한다. 호랑이 발자국을 따라 움직임을 쫓고 행동을 관찰하고 호랑이와 먹잇감의 관계를 연구했다. 호랑이 보호구역 내에서 사냥을 금지하자 경계심을 늦춘 듯 하루에만 호랑이 16마리를 본 적도 있었다.

파테 싱 라토레가 새로 지정된 보호구역 내에 있는 마을 이주 사업을 벌이는 동안(덕분에 호랑

이는 소가 끄는 수레가 자신이 사는 숲을 휙 지나가거나 숲 속 한가운데 떡하니 자리 잡은 논밭을 만나지 않아도 된다), 발미크 타파르는 첫 번째 책을 쓰기 시작했다. 발믹 타파르는 지금까지 24권의 책을 펴냈는데, 대부분이 호랑이에 대한 이야기다.

보호구역 내 주민이 모두 이주하고 나자, 발미크 타파르는 주민이 자진해서 숲을 보호하도록 하려면 보상이 따라야 한다는 사실을 깨달았다. 발미크 타파르는 1987년 란탐보르 재단을 세워 학교와 의료 시설, 현지 주민에게 도움이 될 편의 시설을 마련했다. 호랑이가 서식 중인 공원을 보호하기 위해 쏟아부은 노력은 또 있다. 바이오가스(미생물이 발효하면서 만들어지는 연료용 가스 —옮긴이)를 연료로 사용하는 난로를 보급해 땔감으로 가축 먹이를 사용하지 않아도 되자, 젖소는 다시 보호구역 안에서 한가로이 풀을 뜯을 수 있게 되었다. 그리고 당시에 심은 나무 30만 그루가 현재 18미터 정도로 자랐다. 란탐보르 재단을 12년 동안 운영하면서 산림부와 제대로 협력이 이루어지지 않을 때는 몹시 실망스럽기도 했다.

1990년대에 들어서면서 밀렵이 마구잡이로 일어났고 호랑이는 사라져갔다. "저는 악을 쓰고 고함을 질러댔습니다." 발미크 타파르가 말한다. 그 일을 계기로 당시에는 실패했지만 20년 동안 추진된 호랑이 보호 사업 운영위원회에 자진해서 참여했다. 그 이후로 20년 동안 발미크 타파르는 200개가 넘는 각 연방 및 주 야생동물 보호위원회 등을 상대로 호랑이를 반드시 보호해야 한다는 사실을 알리며 온 마음을 다해 싸웠다. 발미크 타파르가 크게 보람을 느낀 일이 2가지 있다. 대법원에서 환경 보호 관련사건 법률 고문을 맡은 것과 라자스탄 주 신문 편집부장으로 일한 것인데, 모두 자신이 사랑하는 란탐보르를 보호하는 데 큰 도움이 되었다. 걷잡을 수 없이 밀려오던 거대한 개발의 물살을 막고 공원과 보호구역에서 자원을 마구 착취하는 일을 금지해 '훼손을 늦추었다'.

발미크 타파르는 "문서상으로만 호랑이를 관리하는 허울뿐인 운영위원회"에서 일해봤자 시간만 낭비하는 꼴이라고 말한다. 발믹 타파르가 운영위원회에 재직하면서 제안한 정책은 겨우 몇 가지만 시행되었고, 그나마도 현재는 정부에서 무효화하려는 움직임이 보인다.

발미크 타파르가 정말 실망감을 느낀 것은 바로 영국 식민지 시절 인도 전역에서 자원을 착취하기 위해 만들어진 식민지 시대의 잔재인 인도 산림부였다.

직원 중에 동물학이나 동물 보호 분야를 전공한 사람은 거의 없다. 그들이 관리 중인 보호구역에서 야생동물이나 생태계를 보존하는 일도 실패를 거듭하고 있다. 발미크 타파르는 의지가 매우 강하다. 소위 '인도 호랑이의 위기 종식'이라는 과제를 수행하기 위해 그의 가장 큰 바람이라면 보호 사업 체계를 완벽하게 만드는 일이다. 야생동물을 위해 온힘을 쏟아 부을 특별한 단체를 새로 만들어야 한다는 의미로, 미국 어류 및 야생 생물국과 비슷한 기구를 새로 만들어 집중적인 연구와 함께 모든 현지인과 혁신적인 협력을 도모하자는 것이다. 12억에 달하는 인구와 호랑이 밀거래로 돈을 버는 밀렵꾼으로부터 호랑이를 지키려면 훈련을 잘 받고 제대로 된 장비를 갖춘 경비대원이 보호구역을 순찰해야 한다고 발미크 타파르는 말한다.

공간이 부족하거나 먹잇감이 부족하면 호랑이 간에 영역 다툼이 벌어진다.
암컷 호랑이가 새롭게 반다브가르 국립공원 안으로 들어와
사진 속 젊은 암컷 호랑이와 영역 싸움을 벌였고, 1마리가 죽었다.

공원 경비대원이 죽은 암컷 호랑이를 화장하기 위해 장작더미를 쌓고 있다.
죽은 호랑이가 밀거래되어 약품으로 쓰이는 일을 막을 방법은 화장하는 것뿐이다.
야생동물 관련 범죄는 한 해 200억 달러가 걸린 사업으로, 국제적인 범죄 조직이 운영하고 있다.

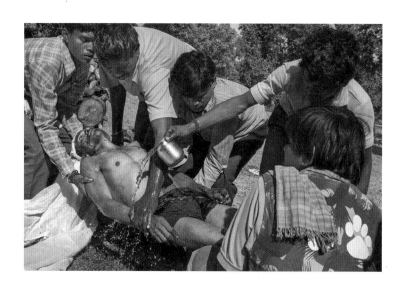

위 판참 바이거의 시신을 화장할 준비를 하고 있다.
판참 바이거는 반다브가르 국립공원 경계선 인근 밭에서 암컷 호랑이에게 공격을 받고 사망했다.
왼쪽 코끼리를 탄 경비대원이 판참 바이거를 공격해 죽인 암컷 호랑이를
공원 안으로 되돌려 보내기 위해 불빛을 비추고 있다.

이튿날 아침, 공원 경비대원이 간밤에 일어난 참극을 촬영하러 오라고 나에게 전화를 했다.

경비대원은 여기저기 흩어진 새끼 호랑이 사체를 잘 모아 나뭇잎과 장작을 쌓아올린 다음 화장했다. 죽은 호랑이를 암시장에 내다 팔 수 없도록 하려면 이 방법밖에 없었다.

사람이 호랑이 땅을 침범하면서 목숨을 잃은 동물은 또 있었다. 공원 경계선은 야생동물에게는 아무런 의미가 없다. 인도 호랑이 보호구역 내에 서식 중인 호랑이의 반 이상은 1년 동안 보호구역 밖에서 꽤 많은 날을 보낸다. 나는 인근 마을 주민이 나뭇잎과 열매, 장작, 대나무, 산림 부산물을 채취하러 다니는 보호구역과 마을 사이에 있는 완충 지역에서 호랑이가 지나다니는 모습을 자주 보았다. 가축은 보호구역 풀밭에서 한가로이 풀을 뜯었다. 그리고 호랑이는 풀밭에서 풀을 뜯는 가축을 소리 없이 쫓거나 보호구역을 빙 둘러싸고 있는 인근 마을을 어슬렁거렸다.

내가 반다브가르 국립공원에서 2달 동안 머무는 동안, 다 자란 새끼 호랑이 3마리를 돌보던 한 어미 호랑이는 인근 마을에서 가축을 잡아서 새끼를 먹여 키웠다. 이 호랑이 4마리에게 야생동물을 사냥하는 일은 불가능했기 때문이었다. 어미 호랑이는 부상을 입어 다리를 몹시 심하게 절었고 마취해서 치료를 받아야 하는 상태였다. 어미 호랑이가 탈라의 한 마을 근처에 나타나 젖소 1마리를 사냥해 죽이자, 주 산림청에서는 젖소 사체를 재빨리 땅속에 파묻고 호랑이가 다시는 마을 근처에 오지 못하도록 하기 위해 필사적으로 노력했다. 어미 호랑이가 근처 마을 도로 옆에서 또 다른 젖소를 죽이자, 산림청 직원은 젖소 사체를 트럭에 싣고 공원 안에 어미 잃은 새끼 호랑이를 위해 마련해둔 우리 안에 갖다 버리기까지 했다. 그러나 어미 호랑이는 새끼를 데리고 또 공원 밖으로 나갔다. 이번에는 산림청에서 코끼리를 탄 경비대원 3명을 보내 호랑이 4마리를 공원 안으로 다시 몰아넣었다. 우리는 호랑이 4마리가 밭 한가운데를 걸어가는 동안 도로를 따라 나란히 달리면서 뒤를 쫓았다. 어미 호랑이는 사냥하기에 적당한 코끼리 떼를 슬쩍 보고는 마음을 완전히 빼앗겼다. 어미 호랑이와 새끼 호랑이 모두 며칠 동안 굶은 상태였기 때문이었다.

어미 호랑이가 숲 속으로 사라지더니 비명 소리가 들려왔다. 어미 호랑이는 밭 사이를 걷고 있던 한 남성을 향해 달려가 세게 후려치고 머리를 물었다. 호랑이의 공격을 받은 남성은 목숨을 잃었다.

죽은 남성은 내가 촬영하러 나갈 때 숲에 여러 번 데려다준 적이 있는 현지인 코끼리 조련사 다야 람의 형이었다. 나는 이튿날 장례식에 참석해서 힌두교 식으로 공터에 장작더미를 쌓아올려 시신을 화장하는 모습을 촬영했다. 사나운 육식동물이 인간생활에 깊숙이 다가와 있는 현실이었다.

호랑이와 인간 사이에 마찰이 생길 때마다 호랑이에 대한 경외심과 아량은 옅어져만 간다. 최근에는 인도 중부 지역에서 주민이 키우던 소를 계속 잡아먹던 어린 암컷 호랑이를 마을 사람들이 우르르 몰려가 잡아 두들겨 패서 죽인 뒤, 호랑이 사체를 들고 거리로 나와 요란스럽게 행진까지 하는 끔찍한 사건이 발생했다.

호랑이가 눈앞에서 풀을 뜯고 있는 소를 발견하고 사냥 본능이 일어나 우발적으로 잡아먹는 경우는 가끔 있어도 사람을 공격하는 일은 매우 드물다. 현상금 사냥꾼에서 환경운동가로 변신해 유명해진 영국인 짐 코빗은 이런 글을 썼다. "호랑이는 큰 상처를 입거나 식인 호랑이 종만 제외하면 대체로 성격이 아주 온화한 편이다. (…) 호랑이는 누군가 제 새끼에게 가까이 접근하는 걸 몹시 싫어하는데 새끼를 지키기 위해서는 상대를 죽이기도 한다. 다가오지 말라는 경고의 의미로 사납게 으르렁거린다. 그리고 으르렁거리는 행동이 효과가 없다는 판단이 들면 상대에게 재빨리 달려들기도 한다. 호랑이가 보내는 경고의 행동을 무시하고 생긴 사고나 부상은 전적으로 침입자의 잘못이다."

게다가 호랑이는 수백 년에 걸쳐 진화하면서 뛰어난 매복 기술을 연마한 육식동물이다. "보통 호랑이가 인간을 잡아먹으려는 욕구는 인간이 호랑이를 집어 삼키려는 욕구보다 낮다." 작가 존 베일런트가 쓴 말이다. 그러나 가축과 인간은 반드시 죽는다. 인간과 호랑이 사이에 벌어진 사건은 대부분 호랑이가 살 곳이 얼마 남지 않아서 벌어진다. 실제로 인간은 호랑이보다 우위를 차지하고 그들의 터전과 삶을 송두리째 빼앗고 있다. 조지 샬러 박사는 강조한다. "호랑이와 함께 살고 있는 사람들은 반드시 훈련을 받아야 합니다. 밤에는 밖에 나가지 말 것, 밖에 나갈 때는 꼭 2명이 함께 다닐 것, 숲 속에서는 먼저 시끄러운 소리를 내서 동물에게 다가가고 있다는 사실을 알릴 것, 호랑이를 만나면 뛰어서 도망치지 말 것, 호랑이에게 말을 걸면서 천천히 뒤로 물러날 것 등을 말이지요." 조지 샬러 박사는 캠페인 등을 통해 호랑이 서식지 인근 주민에게 이런 규칙을 알린다면 목숨을 구할 수 있을 것이라고 말한다.

타도바에서는 지난 10년 동안 1년에 적어도 1명씩은 호랑이에게 목숨을 잃거나 부상을 입었다. 2009년 인도야생동물보호협회가 조사한 기록을 보면 호랑이에게 피해를 입은 희생자는 소 떼를 몰러 나간 남성이나 음식을 하려고 땔감을 주우러 나간 여성임을 알 수 있다. 파라빈 파르데시는 이런 문제를 줄일 수 있는 방법이 있다고 했다. 그중 하나는 서식지 인근 마을 8만여 가구에 가스난로를 보급해 숲으로 땔감을 주우러 가지 않아도 되게 하는 방법이다. 그리고 공원 입장료로 벌어들이는 수익을 주 정부 재원으로 사용하는 대신, 인근 마을에 편의 시설을 지원하고 공원 경비대원 수를 늘려 보수를 지급하는 데 사용하는 방법도 있다. 그렇다면 보호구역 인근 주민은 호랑이 땅 안으로 들어가 벌목하거나, 가축을 방목하거나, 사냥을 하러 숲 속을 헤매지 않아도 될 것이다.

앨런 라비노비츠 박사도 지난 30년 동안 계속 노력해온 일이라고 말한다. 인도 정부 당국과 여러 비정부기구에서는 학교와 의료 시설을 짓고 일자리를 늘리고 밀렵을 줄이기 위한 계획을 세우고, 호랑이 공격으로 가축 피해를 입은 주민에게 보상하는 한편, 빈곤 퇴치를 위한 새로운 전략을 세우는 데 투자해 호랑이와 더불어 살아가는 이들을 보호하려 노력을 기울여왔다. 그중에는 크게 효과를 본 것도 있었다. 예를 들면 밤이 되면 돌아다니는 호랑이로부터 가축을 보호하기 위해 마을에 울타리를 설치한 일이었다. 그러나 많은 경우 시행 기간이 몹시 짧아 효과를 얻지 못했다. 결국 보호 사업이 성공을 거두었는지 측정할 수 있는 유일한 방법은 정확한 수치뿐이다. 호랑이 개체 수는 제자리인가, 늘어났는가?

호랑이 전문가이자 환경보호운동가인 비투 사갈은 보호구역 인근에 사는 주민의 도움 없이는 숲을 지킬 수 없으며, 호랑이도 늘어날 수 없을 거라고 전망한다. 주민의 도움을 받으려면 경제적인 보상이 동반되어야 한다. 비투 사갈은 앞으로 실행할 방법의 하나로 아프리카에서 시행 중인 사업과 비슷한 '인근 주민이 직접 참여하는 보호구역 관리 사업'을 꼽았다. 케냐 마사이 마라 국립공원을 예로 들면, 국립공원 구역을 나누어 인근 지역 수민에게 임대해 직접 관리하게 한다. 인근 마을 주민 2000가구 정도가 국립공원 관광객 유치 수입으로 생활비를 벌면서 야생동물을 스스로 보호하고 있다. 사냥해서 팔아치우는 것보다 보호하는 편이 더 이익이 되기 때문이다. 비투사갈은 최근 인도에서 케냐와 비슷하게 보호구역 사업을 실시할 수 있는 곳을 조사하고 있다.

나는 인근 지역과 연계 사업을 벌이고 있는 곳을 직접 보고 싶어서, 벌린다 라이트와 함께 순다르반스 국립공원으로 인도야생동물보호협회에서 시행 중인 사업을 보러 갔다. 순다르반스 국립공원은 벵골 만으로 흘러드는 갠지스 강과 브라마푸트라 강이 합류하는 지점에 넓게 자리 잡은 거대한 홍수림(정기적으로 바닷물에 잠기는 열대와 아열대 염소지에서 자라는 상록수림―옮긴이) 지역이었다. 순다르반스 지역에 서식하는 호랑이는 옛날부터 식인 호랑이로 잘 알려져 있었다. 식인 습성은 유전적 특성 때문으로 보이는데, 최근까지도 1년에 40명 정도 잡아먹는다고 한다. 새로 그물 울타리를 치고 집 근처에 땅을 파서 양식장(양식장 덕분에 사람들이 물고기를 잡으려고 호랑이 영역 안을 돌아다니지 않아도 된다)을 만들자, 1년 동안 발생하는 사망 사고가 3분의 2로 줄었다. 벌린다 라이트는 마을 여성에게는 현금을 벌 수 있는 일을 하도록 도움을 주었다. 호랑이 수를 놓은 쿠션이나 수공예품을 만들어 팔 수 있게 한 것이다. 대신 인근 주민은 호랑이를 죽이지 않겠다는 데 합의한 상태다.

우리는 순다르반스 국립공원에서 식인 호랑이를 꼭 볼 수 있기를 바라며 안으로 들어갔다. 그날 늦은 시간에 배를 타고 기다란 수로를 따라 이동했다. 나는 쌍안경을 통해 물가를 따라 걷고 있는 젊은 수컷 호랑이를 발견했다. 다리에는 진흙이 잔뜩 들러붙어 있었다. 2시간 동안 수컷 호랑이가 숲 속을 이리저리 움직이는 모습을 놓치지 않고 관찰했다. 호랑이는 가슴께 정도까지 오는 물속으로 거침없이 뛰어들어 넓고 얕은 물줄기를 건넜다. 멀리 해안가 쪽에서 짝짓기할 짝을 찾느라 온 힘을 다해 으르렁거리는 구슬픈 소리도 들려왔다. 물을 건너던 젊은 수컷 호랑이가 꼼짝 않고 멈춰 서더니 울음소리를 유심히 들었다. 호랑이가 방향을 돌렸다. 다른 수컷 호랑이와 마주치기라도 하면 싸움이 일어날 것이 뻔했다.

되돌아오는 길에, 우리는 몇 년 전에 호랑이의 공격으로 생긴 흉터가 얼굴에 선명하게 남은 어부를 만났다.

나는 몸집이 작은 야생 고양이에 대한 취재를 시작하려고 3월에 인도 동북부로 날아갔다. 그곳에서 앨런 라비노비츠 박사에게 인도 환경부 장관 자이람 라메시가 인도 호랑이 전문가와의 비공식 회동에 앨런과 조지 샬러 박사를 초청했다는 소식을 들었다. 나도 그 자리에 앨런 박사와 함께 참가했다. 자이람 라메시 장관은 틀에 박힌 기존의 호랑이 보호 정책을 바꿀 출발점이 될 만한 신선한 방법을 제안해주기를 원했다. 그리고 판테라 사에서 시행 중인 멕시코에서 아르헨티나까지 핵심 서식지를 하나로 연결하는 재규어를 위한 통로 마련 사업에 큰 관심을 보였고, 인도 지역 호랑이에게 적용할 수 있는 구체적인 방법이 있는지도 궁금해했다. 숲에서 밀렵이 무분별하게 벌어지고 있기 때문에 조지 샬러와 앨런 라비노비츠 박사는 해마다 집중적으로 숲 전체와 호랑이 개체 수에 대한 집중적인 조사를 당장 실시해야 한다고 강조했다. 판테라 사는 인도에 사무소를 열어 인도 각 지역에서 호랑이를 연구하는 과학자와 함께 일할 수 있게 되었다.

인도 장관과 비공식 회동을 마친 후, 나는 집으로 돌아갔다. 며칠 지나지 않아서 나는 반다브가르 국립공원에서 새끼 호랑이 3마리가 태어났다는 소식을 들었다. 새로 태어난 새끼 호랑이의 어미는 몇 달 전에 짝짓기 모습을 촬영한 바로 그 암컷 호랑이였다. 나는 새끼 호랑이가 태어난 지 8주 정도 후에 다시 반다브가르 국립공원으로 가기로 마음먹었다.

비행기를 타고 델리로 향하던 5월 23일, 내가 몇 개월 동안 계속 촬영하던 새끼 호랑이 중 하나가 두 사람을 죽였다고 했다. 첫 번째 희생자는 비디 담배(인도 서민층이 피우는 담배―옮긴이)를 마는 데 사용할 흑단 나무 이파리를 따러 숲 속에 들어간 여성이었다. 사망한 여성은 지난겨울 호랑이 가족이 망가진 국립공원 울타리를 통해서 공원 밖으로 나가는 모습을 촬영했던 바로 그 장소에서 호랑이의 공격을 받았다. 여성을 공격한 호랑이는 아주 가까이에 있었던 것이 분명했다. 사망한 여성의 시동생이 죽은 여성을 발견했는데, 그도 사망했다.

이미 예견된 끔찍한 사건이었다. 국립공원 구획 지정이 몹시 형편없었던 탓이었다. 근처에 단 한 곳뿐인 동물이 물을 마실 수 있는 급수원이 국립공원 울타리 밖에 있었기 때문이었다. 1달 뒤, 공원 관리 직원은 30세 정도 되어 보이는 경비대원의 시신을 같은 장소에서 발견했다. 시신에는 동물에게 먹힌 흔적도 군데군데 있었다. 경비대원을 죽이고 먹기까지 한 범인은 수컷 새끼 호랑이 2마리로 밝혀졌고, 포획되어 보팔 동물원으로 보내졌다. 그곳에서 어미 잃은 새끼 호랑이 여러 마리와 함께 지내게 될 것이다. 동물원에 사는 호랑이 중에는 야생으로 돌아갈 수 없을 정도로 인간과 너무 친숙해진 녀석도 있었고, 몹시 사나운 호랑이도 많았다. 결국 굵은 철사를 다이아몬드 모양으로 엮은 울타리를 100제곱킬로미터 면적에 모조리 설치했다. 울타리를 설치하자 동물이 이동하는 경로가 바뀌어 호랑이는 영역 싸움을 시작했다.

　국민이 거세게 항의하며 폭력 시위가 일어날 조짐마저 보이자, 산림청에서는 국립공원 순찰을 강화했다. 산림청에서 코끼리란 코끼리는 모두 데려다 쓰는 바람에 나는 발이 묶여 꼼짝할 수 없었다. 어미 호랑이는 자신이 태어난 바로 그 동굴에서 새끼를 낳았다. 길에서 꽤 멀리 떨어진 계곡 호젓한 곳에 자리 잡은 작은 동굴이어서, 코끼리를 타야지만 갈 수 있었다. 나는 오후만 되면 헛수고임을 뻔히 알면서도 내일 아침에는 그곳에 갈 수 있을지 계속 물었다. 책을 만들려면 새끼 호랑이 사진이 꼭 있어야 했다. 지난 7개월 동안 촬영하려고 그토록 안달했던 사진이었다. 머무를 날은 며칠 남지도 않았는데, 새끼 호랑이는 보지도 못했다. 결국 공원 책임자 파틸이 최고의 코끼리 조련사 쿠타판과 함께 갈 수 있도록 해주었다. 쿠타판은 전문적으로 동식물을 30년 넘게 연구한 사람이었다. 단 조건이 하나 있었다. 여름철에는 몹시 더워서 아침 10시 30분 이후에는 밖에 나갈 수 없다는 것이었다.

　나는 쿠타판과 함께 새벽에 길을 나서서 계곡이 내려다보이는 산등성이로 향했다. 바로 맞은편에서 새끼 호랑이가 어미 호랑이 위로 기어오르고 젖을 먹고 이리저리 굴러다니며 뛰어노는 모습이 보였다. 새벽녘 희미한 어둠 속에서 들썩거리는 코끼리를 타고 망원경으로 몸집이 아주 작은 새끼 호랑이를 볼 수 있었다. 정말 아름다운 모습이었다. 그렇지만 사진을 찍을 수가 없었다. 사진을 찍기엔 거리가 너무 멀었다.

　다음 날은 계곡 아래로 좀더 가까이 내려가 암벽 위로 최대한 높이 올라갔다. 쿠타판이 나를 툭 치더니 손가락으로 어딘가를 가리켰다. 새끼 호랑이 1마리가 어미를 따라 동굴 밖으로 모습을 드러냈다. 그러나 코끼리가 숨을 씩씩대는 소리를 듣고선 우리를 발견하더니 재빨리 동굴 안으로

인도 우마리아에서 열리는 호랑이 춤 축제 풀리칼리Pulikali에서
춤을 추던 소년 2명이 몸에 그린 그림을 보여준다.
200년간 이어져 오는 전통 축제로 호랑이 사냥을 주제로 벌어지는 행사다.

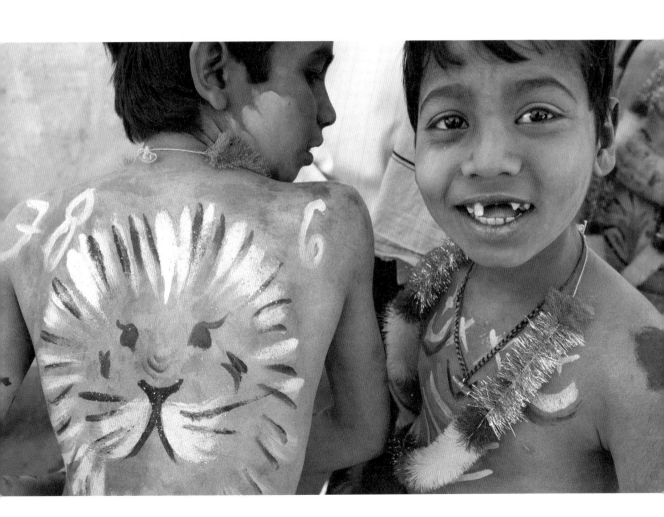

들어가버렸다. 사진은 찍을 새도 없었다.

어미 호랑이가 새끼에게 젖을 다 먹이고 사냥을 나간 후였더라면 새끼 호랑이의 모습조차 볼 수 없을 뻔했다. 그러던 어느 날 아침, 나는 어미 호랑이가 강을 따라 내려가더니 근처 덤불에서 200킬로그램이 훨씬 넘어 보이는 삼바를 끌어내는 모습을 지켜볼 수 있었다. 어미 호랑이는 삼바를 강물에 풍덩 빠트리더니 물살을 이용해 동굴 가까이까지 옮겼다.

집으로 돌아갈 비행기를 타야 할 날이 불과 사흘 앞으로 다가왔다. 쿠타판과 함께 그날 아침 동굴 근처에 도착하자, 어미 호랑이가 동굴 밖에서 편안하게 드러누워 새끼 호랑이에게 젖을 먹이는 모습이 보였다. 새끼 호랑이는 귀만 겨우 눈에 들어왔다. 새끼 호랑이가 고개를 홱 들더니 우리 쪽을 향해 걸어왔다. 나는 새끼가 어미 호랑이 뒤로 몸을 숨기기 전에 사진을 5~6장 정도 재빨리 찍었다.

나는 그 이후로 새끼 호랑이를 보지 못했다. 그러나 그날 찍은 사진 중 1장이 이 책의 표지(원서)에 실렸다. 그 사진을 보면 힘이 난다. 사진 속 새끼 호랑이는 희망이다. 어미 호랑이 1마리는 태어난 지 3년 정도가 되면 그때부터 평생 동안 15마리 정도 새끼를 낳는다. 호랑이는 동물 중에서도 새끼를 아주 많이 낳는 종이다.

이번에 호랑이를 촬영하면서 기본 원칙만 확실하게 지키면 호랑이는 다시 번성할 수 있다는 중요한 사실을 깨달았다. 먹이, 물, 안전한 집이 바로 그것이다. 그것에 더해 장비를 제대로 갖춘 경비대원이 보호구역을 잘 순찰하고, 엄격한 보호법을 만들어 강력하게 적용하며 세심하게 관찰한다면 호랑이는 반드시 되살아날 것이다. 아주 간단하다. "우리 모두 호랑이를 구할 수 있는 방법을 잘 알고 있습니다." 앨런 라비노비츠 박사가 말한다.

그러나 정부의 강한 의지, 호랑이와 함께 사는 보호구역 인근 지역 주민에 대한 확실한 보상, 과학자 및 환경보호운동가 같은 뛰어난 전문가, 무엇보다 전 세계 모든 사람이 호랑이에게 관심을 가지는 마음가짐도 따라야 한다.

"아주 오래전부터 환경보호운동에 승리는 없다는 사실을 알게 되었습니다." 조지 샬러 박사가 말한다. 환경보호운동이란 모두가 반드시 참여해야 하는 끝 없는 과정이다. 그리고 그는 강조한다. "그러나 호랑이 보호 사업을 진행하면서 강제력이 따르지 않는다면 야생 호랑이가 돌이킬 수 없을 정도로 줄어드는 것은 시간문제입니다. 다음 세대는 몹시 슬퍼할 겁니다. 지금 앞날을 전혀 내다보지 못하고 미래에 살아갈 이를 생각하지 않고서 지구상에서 가장 아름답고 멋있는 동물을 모조리 없애버렸다는 사실을 알게 된다면 말이지요."

호랑이 서식지를 10년 동안 돌아다니며 촬영하면서, 호랑이를 반드시 지켜야 하는 이유가 호랑이의 위풍당당한 겉모습 때문만이 아니라 호랑이에게도 이 땅에서 걸어다닐 권리가 있기 때문이라는 사실을 알게 되었다.

호랑이를 지키는 일은 우리 자신을 지키는 일이기도 하다. 넓은 지역을 거닐며 살아야 하는 호랑이를 위해 드넓은 숲, 습지, 산과 밀림 지역을 보존하는 일은 그곳에 사는 모든 생명을 보호하고, 수백만 인간에게 필요한 물을 보호하고, 공기 중 이산화탄소를 빨아들여 지구가 인간의 공격으로부터 스스로 치유하도록 하는 일이기 때문이다.

아시아 곳곳의 외딴 섬 같은 일부 보호 지역에 남은 호랑이 수는 3200마리 정도다. 깜짝 놀랄 정도로 적은 숫자다. 당장 움직여야 한다. 마지막 남은 호랑이마저 모두 사라진다면 우리와 우리의 후손들은 밀림 속을 거니는 호랑이의 부드러운 발을 볼 수도 없을 것이며, 그들을 되찾을 수도 없다.

작품집

인도 벵골호랑이

나는 10년 동안 호랑이 사진을 촬영하러 다녔지만, 실제로 호랑이를 목격한 곳은 인도 호랑이 보호구역뿐이었다. 그렇지만 직접 촬영할 수 없는 호랑이의 비밀스러운 습성을 찍기 위해서는 여전히 카메라 트랩으로 촬영했다. 공원 경비대원은 어미 호랑이와 다 자란 새끼 호랑이 3마리가 자주 나타나는 연못이나 호랑이가 나무를 긁어 영역을 표시해 둔 곳 등을 알려주었다. 그리고 그곳에 설치한 카메라 트랩으로 쓸 만한 사진을 꽤 찍을 수 있었다. 나는 반다브가르 국립공원 곳곳을 차나 코끼리를 타고 다니며 호랑이가 먹이를 먹고, 걷고, 짝짓기하고, 자는 모습 등을 모두 사진에 담았다. 한 장 한 장이 나에겐 모두 선물이었다. 순다르반스 국립공원 습지 지역에서는 물에 반쯤 잠긴 숲 속을 거닐며 물과 친숙하게 생활하는 호랑이의 모습도 사진에 담았다.

벵골 만에 위치한 인도 순다르반스 맹그로브
숲과 습지 한가운데에 호랑이가 많이 모여 살
고 있었다.

14개월 된 새끼 호랑이 2마리가
반다브가르 국립공원 안 연못에서 서로 쫓고 쫓기며 뛰어논다.

연못 속에서 더위를 식히는 14개월 된 새끼 호
랑이가 연못가에 나타난 사슴을 보고 시선을
떼지 못한다. 호랑이는 헤엄을 매우 잘 친다. 너
비가 6~8킬로미터 정도 되는 강은 쉽게 건너
고 28킬로미터 이상 헤엄칠 수 있다고 알려져
있다.

15개월 된 새끼 호랑이 3남매가 한낮의 열기를 피해 쉬고 있다.

어느 늦은 오후, 연못 옆에 나란히 누워 낮잠을 자는 15개월 된 새끼 호랑이 3마리를 사진에 담았다. 나는 어둠이 내려앉을 때까지 그 자리를 떠나지 않았다. 그렇지만 해가 진 뒤에는 공원 안에 머무를 수가 없었다. 다음 날 아침까지도 새끼 호랑이 3마리는 같은 장소에서 계속 자고 있었다. 근처에는 거의 다 먹어치운 삼바 시체도 눈에 띄었다. 어미가 새끼에게 먹이려고 사냥한 것이었다. 새끼 호랑이도 생후 18개월 정도가 되면 스스로 사냥을 한다. 그때까지는 3~4일마다 어미 호랑이가 잡아오는 먹이를 먹고 자란다.

공생관계인 랑구르원숭이(몸집이 작은 인도산 원숭이―옮긴이)는
사슴에게 나뭇잎과 열매 등 먹이를 제공하고, 사슴은 호랑이가 나타나면
원숭이에게 위험하다는 신호를 보내 미리 알려준다.

호랑이가 몰래 사냥감 뒤를 밟는다.

어미 호랑이가 삼바를 자신이 지내는 동굴 가까이로 옮기고 있다. 호랑이는 먹잇감이 눈치채지 못하도록 살며시 다가가 목을 세게 물어 단번에 숨을 끊어 놓는다. 제 몸집의 2배가 되는 사냥감도 문제없다. 어미 호랑이 1마리는 1년에 삼바 크기의 동물 70마리 정도를 사냥해 새끼에게 먹인다.

호랑이는 대개 단독으로 행동한다. 어미 호랑이가 새끼를 데리고 다니는 경우를 제외하고는 대부분 혼자서 사냥한다. 짝짓기를 할 때나 가끔 사냥감을 나눠 먹어야 할 경우에는 함께 사냥하기도 한다.

잠깐 겁을 내나 싶더니 사진 속 어린 암컷 호랑이는 카메라가 달린
원격 조종 자동차에 설치한 카메라를 살며시 따라다녔고, 사진이 찍혔다.

10개월 된 호랑이가 대낮에 하품을 하고 있다. 호랑이는 원래 야행성이라 밤부터 새벽에 주로 활동한다. 그리고 해가 내리쬐는 낮 동안 잠을 잔다.

나는 어미 호랑이 2마리가 막 새끼를 낳았다는 소식을 듣고 반다브가르 국립공원에서 사진을 촬영하기로 했다. 내 목표는 좀더 시간이 걸리더라도 호랑이 가족의 모습을 촬영하는 것이었다. 2010년 11월 랠리에 도착했을 때, 어미 호랑이 1마리는 농부의 물소를 잡아먹은 후에 독살당했고 또 1마리는 공원 관리 차량에 치여 목숨을 잃었다. 결국 2011년 5월에 다시 반다브가르로 돌아가 새끼 호랑이 사진을 찍을 수 있었다. 바로 이 책 표지(원서)에 실린 사진이다. 거의 1년 후 반다브가르로 다시 돌아가 새끼 호랑이 사진을 찍었다. 사진에서 보는 대로 다 자란 모습이었다.

뒷다리로 버티고 일어선 호랑이가 나무에 발톱 자국을 내서 영역을 표시하고 있다.

호랑이는 짝짓기 시기가 되면 우렁찬 소리로 으르렁대고 마구 달려들면서 상대의 관심을 끈다.
짝짓기를 하며 2~5일 동안 함께 지내는데 15~20분마다 밤낮없이 짝짓기를 한다.

몸집이 작은 생후 3개월 된 새끼 호랑이가 어미 뒤로 몸을 숨기기 전에 잠시 침입자인 우리를 쳐다보았다. 사진 속 어미 호랑이는 자신이 태어난 외진 동굴 속에서 새끼를 낳았다.

어미 호랑이가 새끼 호랑이를 핥아 털을 깨끗하게 매만져준다. 새끼 3마리 중 한 녀석이다.

반다브가르 국립공원에서 3개월 동안 촬영 작업을 끝내고 집으로 돌아간 뒤, 나는 짝짓기를 하는 모습을 찍었던 암컷 호랑이가 새끼를 낳았다는 소식을 들었다. 새끼가 생후 2개월이 된 5월에 다시 반다브가르 국립공원으로 돌아갔다. 어미 호랑이가 새끼를 낳은 동굴은 계곡 아래 길에서 멀리 떨어진 작고 호젓한 곳이었다. 동굴 가까이 가려면 코끼리를 타고 가는 수밖에 없었다. 몇 주를 기다린 뒤에야 코끼리 조련사와 함께 코끼리를 타고 계곡 가까이 내려갈 수 있었다. 새끼 호랑이는 겁이 많고 조심스러워서 모습을 잘 드러내지 않았다. 열흘이 지나도록 사진은 찍지 못했다. 딱 2번, 잠깐 보기만 했다.

카메라 트랩에 순다르Sundar 혹은 B2라고 부르는 호랑이가 찍혔다.
가장 자주 사진에 찍힌 호랑이 중 하나이기도 하다.

보통 호랑이는 밤에 사냥을 한다. 호랑이는 시력이 매우 좋다.
커다란 금빛 눈은 밤에 더 잘 보인다.

반다브가르 국립공원에 있는 파트파라 날라라는 연못에서
연이어 플래시가 작동하는 데도 아랑곳하지 않고 제 사진을 찍어둔 새끼 호랑이 2마리의 모습이다.

새끼 호랑이 2마리가 카메라 트랩을 유심히 살피고 있다.
쿵쿵대며 냄새를 맡고 툭툭 치기도 했다.
파괴자라는 별명이 붙은 수컷 새끼 호랑이는 계속 카메라를 부수려고 했다.

젊은 호랑이가 물을 마시러 왔다가 설치해둔
카메라 트랩을 빤히 쳐다본다.

"다음 세대는 절대로 우리를 용서하지 않을 겁
니다. 우리가 앞날을 내다보지 못하고 호랑이
를 받아들이는 인정이라고는 전혀 없다면 말입
니다. 이 불가사의한 자연의 선물은 지금 멸종
될지도 모르는 위기의 구렁텅이에 빠져 있습니
다." 조지 샬러 박사.

반다브가르 국립공원 내에 있는
동굴 안에서 더위를 식히던 호랑이가 물속으로 들어간다.

맺음말 | 앨런 라비노비츠
멈추지 않아야 할 일

세상에서 가장 상징적인 동물인 호랑이의 당당한 모습을 찍은 사진을 책에서 보고 난 후에 호랑이가 그토록 심각한 상황에 빠지게 된 원인과 과정이 궁금해질 것입니다. 힘찬 기상과 아름다움을 지닌 탓에 호랑이는 무자비한 밀렵의 대상이 되었습니다. 목숨이 끊어지고 모조리 해체된 신체 부위를 찾는 사람이 무척 많아서 값비싸게 팔려나가는 현상은 호랑이 말고는 유례가 없는 일이기도 합니다. 100년이 넘는 시간 동안, 우리는 세상에서 가장 몸집이 큰 고양이인 호랑이가 아시아 지역에서 급작스럽게 줄어드는 현상을 지켜보기만 했습니다. 수십 년 전부터 호랑이에게 닥친 갖가지 위협을 없애기 위해 노력을 기울이기 시작했습니다. 그런데도 현재 남은 야생 호랑이 수는 겨우 몇천 마리에 불과하여 예전의 7퍼센트밖에 되지 않을 정도로 계속 줄어들고 있습니다.

그렇지만 반가운 소식도 들려옵니다. 러시아 극동 지방의 광활한 동토에서 방글라데시 순다르반스 지역의 고온다습한 열대 홍수림에 이르는 드넓은 지역 곳곳에 퍼져 있는 호랑이 보호구역에서 다시 호랑이가 살게 되었다는 소식입니다. 그리고 40년이 넘는 시간 동안 현장 조사를 진행한 덕분에 우리는 호랑이를 멸종 위기에서 구해낼 방법과 조건을 파악했습니다. 그러나 반드시 명심해야 할 조건이 있습니다. 과학자와 환경운동가는 지금처럼 호랑이 개체 수가 심각하게 줄어든 시점이라면 가장 중요한 핵심 개체군에 집중해서 해당 지역 호랑이가 처한 갖가지 위협 요소를 모조리 없애기 위해 전략적이고 다각적인 방안을 마련해야 한다는 사실을 깨달았습니다. 무엇보다 먼저 엄격한 훈련을 받고 필요한 장비를 잘 갖춘 공원 경비대원을 현장에 투입해 야생동물 보호법을 효과적으로 집행하려는 노력이 있어야 한다는 것입니다. 경비대원 수를 일정하게 유지하고 충분한 자금을 투입해 호랑이 서식지 내에 있는 핵심 지역에서 밀렵을 철저하게 단속함으로써 호랑이와 먹잇감을 보호하는 한편, 서식지를 망가트리는 벌목과 불법행위도 엄중하게 단속해야 합니다. 불법행위를 저지른 범죄자는 엄중한 처벌을 받도록 해야 호랑이 보호 사업은 성공적으로 시행될 것입니다. 동시에 호랑이 보호 사업을 강력하게 집행하는 과정에서 인근 지역 주민의 생활을 해치지 않아야 한다는 점도 염두에 두어야 합니다. 호랑이 보호 사업을 진행할 때는 인근 지역 주민이 기꺼이 호랑이와 함께 살 수 있어야 하며, 호랑이 관리인의 역할을 스스로 수행하면서 혜택을 얻을 수 있도록 해야 합니다. 인간과 호랑이 간에 마찰이 발생하면 대부분 인간의 삶과 안위를 좀더 중요하게 생각하는데, 그 못지않게 호랑이의 삶과 안위도 보장해야 합니다.

그러나 문제는 호랑이 보호 사업을 성공적으로 이끄는 데 있어서 보호 계획을 시행할 때 강제력이 부족했다는 점입니다. 수년간 호랑이 보호활동을 벌이는 데 수백만 달러를 투자해 노력을 쏟아 부으면서도 활동이나 사업의 효과를 확인할 수 있는 수치, 즉 호랑이 개체 수가 해당 사업을 통해 전과 다름이 없는지, 혹은 증가했는지에 대해 전혀 측정하지 않은 것입니다. 보호 사업을 시행한 후에는 호랑이 개체 수에 대한 과학적이고 면밀한 조사와 관찰을 통해 호랑이의 생존을 위협하는 요소가 완전히 제거되었는지, 투자 자금은 올바로 사용되었는지 확인하는 작업이 필요합니다.

'호랑이여 영원하라' 사업은 2006년 전 세계에 얼마 남지 않은 호랑이를 멸종 위기에서 구해내기 위해 마련한 획기적인 계획입니다. 현재 남은 호랑이 서식지 중 가장 핵심적인 지역에 매우 중요하고도 기본적인 조건을 갖추도록 해줄 통합적인 계획이기도 합니다. 해당 사업을 위해 세계 최고 호랑이 전문가가 모여 꾸린 세계적인 규모의 사업단은 각 정부 기관과 비정부기구, 지역 공동체와 손을 잡고 사업을 추진할 것입니다. 정밀한 과학 조사와 신기술, 효과적인 법 집행이 모두 갖추어진다면 위기를 맞은 호랑이 서식지를 구할 수 있습니다. 이미 우리는 인도 서 고츠 지역과 타이 서부 밀림 지대에서 호랑이 보호 사업이 성공한 경우를 목격했습니다.

호랑이 보호 사업에 핵심이 되는 계획과 이를 추진할 인력은 모두 갖추어졌습니다. 다만 '호랑이여 영원하라' 사업을 신속하게, 그리고 시행 범위를 넓혀나갈 재정적인 자원이 부족할 뿐입니다. 숲 속을 누비는 야생 호랑이는 겨우 3200마리밖에 남지 않았습니다. 더는 시간을 낭비해서는 안 됩니다. 독자 여러분은 이미 이 책을 구입함으로써 우리 사업에 동참했습니다. 그러나 좀더 많은 도움이 필요합니다. 한 사람 한 사람의 기부가 모인다면 상황은 달라질 수 있습니다. 책장을 앞으로 넘겨 다시 호랑이 사진을 봐주세요. 호랑이가 모조리 사라져 이런 사진을 더는 찍을 수 없다고 생각해보세요. 살아 있는 예술품과 다름없는 호랑이를 구하기 위해 우리를 도와주세요. 야생 호랑이가 사라진다면 인간은 물론 우리가 속한 사회의 안위도 사라집니다. 절대로 일어나서는 안 될 일입니다. 여러분의 도움이 모이면 우리는 야생 호랑이를 영원히 잃지 않을 수 있습니다!

반다브가르 국립공원에서 어린 호랑이가 바위
위에 앉아 있다.

촬영 이야기
스티브 윈터

내가 사진을 찍을 때 염두에 두는 점은 동물의 아름다움과 지능, 습성뿐만 아니라 특정 동물에 대한 이야기도 함께 담는 것이다. 인간은 동물의 생명에 영향을 미치는 존재이기도 하지만, 동시에 생태계의 일원이기도 하다.

내가 찍은 사진이 보는 이의 마음을 움직여 위기에 처한 야생동물에게 관심을 기울일 수 있도록 애를 쓴다. 이는 결국 자연 속 촬영 대상인 동물을 보호하는 데도 도움이 된다.

2002년과 2003년 오랜 친구 앨런 라비노비츠 박사와 함께 『내셔널지오그래픽』지에 실을 사진을 촬영하느라 호랑이와 10년 동안이나 인연을 맺었다. 앨런 라비노비츠 박사는 타이 군정을 설득해 드넓은 후콩 계곡을 호랑이 보호구역으로 지정하기도 했다. 후콩 계곡은 거머리가 우글거리고 면도날처럼 날카로운 등나무와 부들로 뒤덮인 몹시 험난한 지역이었다. 나는 항상 공원 관계자와 함께 한다는 조건으로 후콩 계곡에서 촬영 허가를 받았고, 가끔 군인과 동행하기도 했다. 내가 할 일은 후콩 계곡과 그 안에서 사는 인간과 동물의 모습을 사진에 담는 일이었다. 제2차 세계대전에 중국으로 군수물자를 운송하던 레도 도로 통행이 재개되자, 후콩 계곡 지역으로 15만 명이 물밀듯 밀려들었다. 그리고 대부분 금을 캐고 호랑이와 다른 야생동물을 밀렵해 중국으로 내다 파는 일을 업으로 삼았다.

야생에서 호랑이를 촬영하는 일은 매우 힘든 작업이다. 나는 미얀마에서는 호랑이를 구경조차 하지 못했다. 그런데도 호랑이 사진을 찍을 수 있었던 것은 카메라 트랩 장비 덕분이었다. 그렇지만 다음 촬영 장소였던 인도 카지랑가 국립공원에서는 원격 조종 카메라를 이용해 코뿔소와 코끼리, 친숙한 여러 야생동물을 근접 촬영할 수 있었을 뿐만 아니라, 1미터도 채 떨어지지 않은 곳에서 잡아먹히지 않고 호랑이의 비밀스러운 행동을 촬영할 수 있었다. 트레일마스터(미국 굿슨앤 어소시에이츠 사에서 생산하는 적외선 촬영 장비―옮긴이)라는 적외선 촬영 장비도 함께 사용했다. 동물이 설치해둔 장비 앞을 지나가면서 적외선을 건드리면 카메라가 작동해 한 장면씩 자동으로 사진이 찍히는 방식이었다. 나는 동물이 자주 지나다니는 길목, 물을 마시러 들르는 연못, 호랑이 발톱 자국이 있는 나무 등에 카메라 트랩을 설치했는데, 동물의 눈높이에 맞춘 사진을 찍고 싶어 서 카메라를 아주 낮게 설치해두었다. 오픈 지프와 코끼리 등에 타고 공원 전역을 돌아다니며 사 진을 찍기도 했다. 직접 촬영에 나설 때는 걸핏하면 달려드는 2톤이 훨씬 넘는 코뿔소를 조심해 야 했다. 한번은 촬영하러 이리저리 돌아다니다가 아시아코끼리 떼와 물소, 인도외뿔코뿔소, 각기 다른 3종류의 사슴이 한데 어우러진 모습을 발견하기도 했다. 나는 카지랑가 국립공원이 인간의 바다로 온통 둘러싸여 있긴 해도 내가 다녀본 장소 중에서는 생태계가 가장 잘 보존된 곳이라는 사실을 나중에야 알 수 있었다.

호랑이가 심각한 상황에 처했다는 사실을 알고 난 후, 나는 호랑이의 이야기를 사진에 담으려 고 직접 호랑이를 볼 수 있는 몇 군데 남지 않은 장소인 수마트라, 타이, 인도에 있는 보호구역을 2009~2011년에 걸쳐 돌아다녔다. 각 나라마다 숲에서 매일 살다시피 해서 호랑이의 습성을 잘 아는 연구원과 공원 경비대원, 코끼리 조련사의 도움을 받으며 촬영 작업을 했다. 카메라 트랩을 설치해 사진이 찍히는 데는 시간이 꽤 오래 걸리는 편이어서, 카메라 트랩을 가장 먼저 설치해두 었다. 수마트라 섬에서는 제대로 된 사진 1장을 찍는 데 3개월이 걸릴 정도였다. 인도 반다브가르 국립공원에서는 카메라 트랩을 설치한 첫날에 어린 수컷 호랑이가 연못 주위에서 어슬렁거리다 반다브가르 국립공원에서 코끼리를 타고 촬영하는 모습.

347

차론 가이너프 사진

차례로

수마트라 섬에서 숲을 불태우는 모습을 사진에 담았다.
카지랑가 국립공원에서 경비대원과 함께 흥분한 코뿔소를 바라보고 서 있는 모습.
반다브가르 국립공원에서 조수 드루 러시, 안내원 하치 싱과 함께 카메라 트랩을 확인하는 모습.

가 사진을 남겨둔 적도 있긴 했지만 말이다.

　카메라 트랩을 모두 설치하고 나면 밖으로 나가 새벽부터 어두워질 때까지 사진을 찍었다. 직접 호랑이를 찾아다니기도 하고, 공원 관리 직원이 촬영해야 할 일이 있을 때 연락해주기도 했다. 밀렵꾼을 체포했다거나, 호랑이가 새끼에게 젖을 먹이던 장소에서 죽은 사슴을 발견했다거나 하는 등의 사건이었다.

　그렇지만 나는 사진기자로서 호랑이와 호랑이에게 닥친 위기를 연구하는 과학자의 모습도 기록해야 했다. 그저 먹고살기 위해 숲을 훼손하는 인근 마을 주민뿐만 아니라 불법으로 이루어지는 벌목, 산업화된 농업, 대규모로 진행 중인 개발 사업 등 여러 가지 상황으로 호랑이 서식지가 점점 망가져가고 있기 때문이다. 또 인간과 가축이 호랑이 땅을 침범하면서 생기는 마찰과 화려한 가죽과 전통 중국 의약품을 위해 호랑이의 각 신체 부위를 팔아넘기려고 계속 늘어만 가는 밀렵 현장도 기록해서 사람들에게 보여주어야 했다.

　지금까지 전혀 보지 못한 이루 말할 수 없는 호랑이의 아름다움과 행동을 기록한 사진을 여러분과 공유하며 호랑이가 멸종 위기에 처한 원인에 대한 함께 이야기를 나눌 수 있었으면 하는 바람이다. 그리고 책에 실린 사진을 독자 여러분이 보고 호랑이를 도울 수 있는 일을 직접 시작할 수 있는 계기가 될 수 있었으면 참 좋겠다.

생물학자인 아차라와 사끄싯 심차른 부부(왼쪽 그리고 가운데)와
솜폿 두앙찬뜨라시리(오른쪽)가 나와 함께 포즈를 취했다.
옆에 있는 호랑이는 마취해서 연구원이 이동 경로를 추적할 수 있도록
위치 정보 송신기가 달린 목걸이를 막 채운 참이었다.

감사의 말

스티브 윈터

내 삶과 일을 이끌어주시고 이 책에 실린 사진을 찍을 수 있도록 도와주신 분이 참 많습니다. 그분들께 정말 고맙다는 인사를 하고 싶습니다. 꿈을 크게 품을 수 있도록 해주신 어머니와 내가 7세 되던 해에 카메라를 처음 사주시고 사진 찍는 법을 가르쳐주신 아버지, 제일 먼저 감사드립니다.

소년 시절부터 내셔널지오그래픽에 들어가 사진작가가 되는 것이 인생 목표였습니다. 지난 125년 동안 가장 인정받는 잡지를 만들어온 전 세계에서 가장 유명한 회사를 위해 세계를 돌아다니며 일할 수 있었던 것은 정말 영광스러운 일입니다. 저는 정말 운이 좋은 사람입니다.

뛰어난 통찰력과 열정으로 『내셔널지오그래픽』지를 위해 전념하는 편집장 크리스 존스도 무척 고맙습니다. 그의 통찰력은 다년간 현장에서 사진작가로 근무하면서 얻은 경험에서 나온 것이기도 하지요. 저를 믿고 호랑이와 야생동물에게 닥친 위기를 촬영해 『내셔널지오그래픽』 독자들에게 전해줄 기회를 주신 데 대해 또 한번 감사하고 싶어요. 저는 크리스 존스의 사진에 영감을 받아 이 자리에 올 수 있었습니다.

수년 동안 잡지에 실은 사진은 물론 이 책에 실린 사진도 모두 편집해준 캐시 모런에게도 고맙다는 말을 전하고 싶네요. 현장에서 사진을 찍을 때뿐만 아니라 찍고 나서도 이야기를 가장 잘 전해줄 사진을 고르는 데 늘 길잡이가 되어주었어요. 그녀의 가르침과 조언, 우정이 없었다면 힘들었을 겁니다. 정말 고마워요, 캐시.

오래전 조수생활을 하던 시절부터 제게 큰 영감을 주신 분, 스승이자 평생 동안 동반자로서 함께 사진을 찍을 닉 니컬스. 어느 것 하나 빠트리지 않고 가르쳐주시고 조언해주셨습니다. 그가 찍은 사진에서 얻을 수 있는 힘찬 기운과 사진 작업에 대한 그칠 줄 모르는 애정, 환경보호에 쏟아부은 끝없는 헌신은 제가 이 일을 올바르게 해나가는 본보기가 되었습니다. 닉, 당신께 말로 다 할 수 없는 큰 빚을 지고 있습니다. 고맙다는 말로는 부족합니다.

이 책에 실린 사진에 대한 이야기를 만드는 데 큰 도움을 주신 데이비드 그리핀, 고맙습니다. 특히 믿을 수 없을 정도로 작업에 힘을 쏟아주고 창의적인 시각으로 멋지게 책을 디자인해주어서 고맙습니다. 책을 만드는 동안 늘 최고의 사진을 위해 묵묵히 기다려준 데 다시 한번 감사합니다. 내가 『내셔널지오그래픽』지에 호랑이 이야기를 처음 제안하자 단번에 허락해준 톰 케네디와 처음 『내셔널지오그래픽』지에서 일할 수 있도록 해준 전 편집장 빌 앨런에게도 깊은 감사 인사를 드립니다.

내셔널지오그래픽에 계신 수많은 분의 도움이 없었다면 불가능한 일이었습니다. 캐런 배리, 일레인 브래들리, 월터 보그스, 데니스 디믹, 케이트 에번스, 트리시 도시, 켄 가이거, 니키샤 롱, 데이브 매슈스, 빌 마, 윌리엄 맥널티, 커트 머클러, 제나 피로그, 래리 슈어, 제니 트루카노, 한스 바이제, 멀리사 와일리, 데이비드 휘트모어, 그리고 야마구치 겐지 모두 고맙습니다. 내 작업 결과를 모아준 『내셔널지오그래픽』 사진부 전원에게도 고맙다는 말을 전합니다. 두려움을 모르는 책임자인 마우라 멀비힐, 마르코 디폴, 스테이시 골드, 롭 헨리, 앨리스 키팅, 빌 페리, 세라 스나이더, 모두 고맙습니다.

내셔널지오그래픽 파견 사업부 소속 직원 분들께도 고맙습니다. 마크 바우만, 테리 가르시아, 그레그 맥그루더, 알렉스 모엔. 고맙습니다.

리베카 마틴과 내셔널지오그래픽 원정 자문위원회 소속 모든 분들께 호랑이 촬영을 제안한 제 의견을 지원주신 데 깊이 감사합니다.

호랑이 프로젝트를 함께 해준 바버라 브라우넬 그로건 그리고 내셔널지오그래픽 출판사에서 편집을 맡아준 수전 타일러 히치콕, 칼 멜러, 수전 블레어, 고맙습니다. 그리고 제가 찍은 사진이 노래할 수 있도록 해준 색채의 마술사 레이철 폴리스, 고맙습니다.

내셔널지오그래픽에서 함께 일하는 사진작가 여러분께도 매일 영감을 주고 있다는 사실을 꼭 말씀드리고 싶네요.

장비를 제공해주고 조언과 지원을 아끼지 않은 애플 사 친구들 커크 폴슨, 마틴 기즈번, 바흐람 포로우이, 고맙습니다. 값진 기술 지원을 아끼지 않은 존 골든, 정말 고마워요.

토비 싱클레어가 없었다면 인도에서는 촬영할 엄두조차 내지 못했을 겁니다. 토비, 당신이 인도 호랑이에 대해서 알고 있는 모든 것을 알려주고, 인도 지리에 대해서도 조언을 해주어서 정말 고맙습니다. 당신과의 우정을 잊지 못할 겁니다.

몇 년 동안 저를 끝없이 지원하고 도움을 주신 판테라 사에도 감사 인사를 드립니다. 루크 헌터, 안드레아 헤이들라우프, 존 굿리치, 말라 카바시마, 하워드 퀴글리, 조 스미스, 마거리타 트루일로, 수지 웰러, 캐시 젤러, 그리고 함께 일하는 모든 분, 고맙습니다!

톰 캐플런은 판테라 사를 만들어 호랑이 보호 사업을 총괄할 수 있는 여건을 만들었습니다.

톰, 함께 일할 수 있어서 정말 영광입니다.

마이클 클라인, 제가 책을 만들고 또 호랑이에 대한 일을 하는 데 도움을 주서서 정말 고맙습니다. 당신은 혁신적인 생각으로 호랑이를 구하는 진정한 구원자입니다.

그리고 조지 샬러 박사님, 당신은 저를 포함해 세상 모든 사람에게 영감을 준 전설적인 분입니다. 당신의 책을 읽고 야생동물을 지키기 위해 길을 나설 수 있었습니다. 호랑이와 대형 고양잇과 동물에 대한 정보를 알려주신 덕분에 호랑이 사진을 찍는 데 큰 도움이 되었습니다.

앨런 라비노비츠 박사, 17년간 함께 일해주어 정말 영광입니다. 그동안 수없이 많은 나라를 함께 돌아다녔습니다. 앨런, 당신 덕분에 호랑이 보호 사업이 미래를 위한 기회를 얻을 수 있었습니다. 당신과 함께 호랑이를 구하기 위한 싸움을 계속해나가기를 간절히 바라고, 당신의 우정과 도움에 늘 감사합니다.

촬영 현장에서 저를 도와준 수많은 분이 없었다면 사진을 찍을 수 없었을지도 모릅니다. 정말 일을 잘 도와준 저의 조수 드루 러시 덕분에 작업을 할 때 늘 즐거웠습니다. 인도 이곳저곳을 돌아다닐 때 32개나 되는 가방과 장비를 옮기는 걸 도와주고 카메라 트랩을 설치하고 작동시키는 일, 장비 고치는 일, 사진을 내려 받고 저장 장치로 옮기는 일, 잡다한 모든 일을 도와주었어요. 카지랑가 국립공원에서는 가베 델로아크의 도움이 없었다면 사진을 찍을 수 없었을 겁니다. 일반적인 업무 말고도 촬영 작업 중에는 요령껏 장비를 고쳐야 할 일이 정말 많아요. 코끼리나 코뿔소가 카메라 트랩을 자주 들이받거든요. 가베, 열심히 일해주어서 정말 고맙습니다. 호랑이를 눈으로 직접 볼 수 없었던 타이에서 힘든 촬영 작업을 도와준 조 리스에게도 인사를 전합니다. 고

354

맙습니다.

촬영 현장에서 저를 여러모로 도와주신 분들도 빼놓을 수 없습니다. 미얀마에서 도와주신 분들, 우 산 랭, 소 툰, 보 치, 토니 리남, 민트 마웅, 조지프 베르너 리드 대사, 조 윈. 고맙습니다. 수마트라에서 도와주신 분들, 무나와르 콜리스, 마디 이스마일, 고맙습니다. 마디 씨가 전직 호랑이 사냥꾼을 소개해준 덕분에 대단한 사진을 찍을 수 있는 장소를 발견할 수 있었습니다. 매슈 링키, 자미라 엘리아나 로에비스, 그리고 하리요(비박) 위비소노, 고맙습니다. 타이에서 도와주신 아나크 파타나비불, 아차라와 사끄싯 심차른 박사님, 고맙습니다.

인도에서 도와주신 분들, 만주 바루아, 프레르나 싱 빈드라, 수렌드라 부라고하인(카지랑가 국립공원 전 책임자), 라구 춘다와트, 산제이 구비, 아지트 하자리카, 울라스 카란트, 수실 쿠마르, 부드히스와르 코느와르(카지랑가 최고의 기사), 히마니 프라타프, 비투 사갈, 발미크 파타르, 조안나 반 그루이센, 벌린다 라이트, 그리고 나빈 삭세나, 고맙습니다. 방글라데시에서 파틸(반다브가르 국립공원 전 책임자) 씨의 조언과 도움, 고맙습니다. 드루브 싱 씨, 저를 도와주고 안내를 맡아주어 고맙습니다. 라제시 트리파티, 히텐드라(하치) 싱 씨, 늘 호랑이를 찾아준 버마인 람나레시, 다야(모글리) 람 씨, 그리고 반다브가르 국립공원에서 쿠타판의 지휘 아래 코끼리 조련을 하는 모든 분들, 고맙습니다. 여러분 모두가 호랑이 사진을 찍을 수 있도록 해주셨습니다. 그리고 카지랑가와 반다브가르 국립공원 직원 여러분께도 고맙습니다.

제 주치의 레니 발라코 박사님께서 잘 치료해주신 덕분에 열대 지방에서 작업하면서 생긴 여러 가지 병이 모두 나았습니다.

인도 국립 호랑이 보호국, 외무부, 환경산림부에도 촬영 작업을 할 수 있도록 허가해주신 데 대해 깊이 감사드립니다.

몇 달을 지친 기색 없이 일해준 작업실 비서 베로니카 샤론이 없었다면 이 책을 만들지 못했을 겁니다. 베로니카, 고마워요!

아내 샤론과 아들 닉에게도 사랑하고, 제가 일 때문에 늘 집을 비워도 이해해주어서 고맙다는 말을 전합니다.

샤론, 당신의 글 덕분에 호랑이의 세상이 독자들에게 신나고 확실하게, 그리고 창의적인 방법으로 다가갈 수 있었어요. 당신이 호랑이를 숲 속에서 끌어낸 겁니다.

샤론 가이너프

저는 호랑이 서식지를 누비며 얻은 호랑이에 대한 전문 지식을 저에게 알려주신 모든 분께 감사의 말을 전하고 싶습니다. 아니시 안드헤리아, 데비 뱅크스, 라구 춘다와트, 사이벨 그레이스 폭스크로프트, 조지 게일, 이딩 아흐마드 하이디르, 안드레아 헤이들라우프, 제이타 카르, 울라스 카란트, 진 매케이, 페크 마노파위트르, 프라빈 파르데시, 토비 싱클레어, 제임스 스미스, 벌린다 스튜어트콕스, 세라 스토너, 쓰야다 아야코, 수지 웰러, 하리요 위비소노, 모두 고맙습니다.

매우 복잡한 호랑이 보호 사업을 잘 이해하고 오랫동안 저를 도와주신 분들, 그리고 호랑이의 생활 습성에 대해 가르쳐주시고 원고를 감수해주신 분께 깊이 감사드립니다. 피로즈 아메드, 만주 바우라, 프레르나 싱 빈드라, 존 굿리치, 산제이 구비, 소 툰, 무나와르 콜리스, 매슈 링키, 토니 리남, 데비 마터, 비투 사갈, 아차라와 사끄싯 심차른, 조 스미스, 발미크 타파르, 조안나 반 그루이센, 그리고 누구보다 몇 달 동안 저를 가르쳐주고 조언해주고 끝이 없는 질문을 모두 참아내고 답해준 벌린다 라이트 씨, 정말 고맙습니다.

내셔널지오그래픽 출판사의 바버라 브라우넬 그로건과 편집자 수전 타일러 히치콕 씨께 책을 출판하게끔 도와주신 점, 원고 교정을 해주신 헤더 매켈웨인과 주디스 클라인 씨께도 고맙습니다.

내 사랑하는 친구들에게 이 일을 하는 동안 응원해주고 지지를 아끼지 않아서 고맙다는 인사를 전합니다(친구들 덕분에 잘 버틸 수 있었습니다). 재키 보나노, 낸시 첼리니, 제프리 챔블린, 로리 파비아노, 킴 피스크, 제이 프리드먼, 도나마리 그리에코, 진 함스터, 파멜라 하셀, 제이미 헬만, 크리스틴 하인리히스, 데비 캐플런, 줄리 자아스마홀덤, 하이디 카츠, 로라 클라인, 앤 맥거번, 시무스 맥그로, 멀리사 밀러영, 트레이시 파라디소, 랜드와 샐리 피보디, 캐런 필립스, 안젤라 레시, 글렌 셰러, 에이미 와인버그, 샤론 윌슨, 수전 지글러, 그리고 특히 낸시 그린, 끝도 없이 도와줘서 무척 고맙습니다. 데일 워커 씨는 글을 쓸 장소를 제공해준 점, 그리고 아니타 차드하리가 원고를 검토해준 점, 정말 고맙습니다.

하나부터 열까지 이 책이 만들어질 수 있게 도와준 베로니카 샤론, 고맙습니다.

말도 못하게 고마운 내 사랑하는 여자 친구들과 마음속 깊이 존경하는 동료들, 로라 파스쿠스와 비잘 트리베디, 늘 도와주고 관심 어린 비판의 시선으로 글에 도움을 주고 편집적인 식견으로 좀더 좋은 책이 나올 수 있게 끝없이 도와주셔서 고맙습니다. 고맙다는 말을 다 전할 방법이 없어요.

그리고 (제 영웅이신) 조지 샬러 박사님, 몇 년씩이나 인내심을 가지고 야생동물에 대해 가르쳐주시고 출판할 수 있게 해주셔서 감사합니다. 대형 고양잇과 동물에 대해 지난 10년 동안 오랜 시간을 투자해 가르쳐주고 원고 교정까지 해준 앨런 라비노비츠, 고맙습니다. 강아지 윌리엄과 7살 때 나에게 여행 가방과 타자기를 사준 어린 시절 유모 헤리엇 매켄지에게도 고맙습니다. 나에게 저지 교외를 벗어난 세상 이야기를 늘 해주셨지요.

내 삶의 빛인 아들 닉 러지아, 작가로서 조언을 해줘서 고맙고 마감에 쫓기고 있을 때 나를 웃게 해줘서 고맙다.

나를 호랑이의 세상으로 이끌어준 남편 스티브, 오랫동안 보살펴주고 늘 영감을 주어서 고마워요.

판테라 사

판테라 사는 우리에게 가장 크게 영향을 미치는, 야생 호랑이가 미래에 번영하도록 해줄 헌신적인 기부자 여러분께 먼저 감사드립니다.

'호랑이여 영원하라'는 리즈 클레이본 아트 오르텐버그 재단Liz Claiborne Art Ortenberg Foundation,

세이브 더 타이거 펀드Save the Tiger Fund, 우들랜드 파크 동물원Woodland Park Zoo, 미국 어류 및 야생 생물국 산하 코뿔소 호랑이 보호 기금The USFWS-Rhino Tiger Conservation Fund, 그리고 여러분이 계시지 않았다면 불가능했을 겁니다. 마이클 클라인과 클라인 가족 재단Cline Family Foundation에 '호랑이여 영원하라' 사업이 태어날 수 있게 목표를 세워주고 지지해주고 계속 유지될 수 있도록 도와주신 데 대해 깊이 감사드립니다. 또한 우리는 로버트슨 재단Robertson Foundation에 큰 빚을 졌습니다. 계속 도와주시고 승부수를 띄울 수 있게 약속해주고 전 세계에서 가장 중요한 호랑이 개체 수에 영향을 미칠 만한 규모로 '호랑이여 영원하라' 사업을 실현할 수 있도록 해주신 데 대해 깊은 감사의 말을 전합니다. 여러 주 정부 및 연방 정부, 호랑이 보호구역에서 직접 근무하시는 분, 아시아 전역에서 매일같이 호랑이를 위한 싸움을 벌이고 계신 분께도 정말 고맙다는 말을 전합니다. 모든 분의 약속이 자라나고 여러분의 지지가 있기에 판테라 사는 호랑이를 계속 지켜나갈 수 있으리라 확신합니다.

일러스트레이션 크레디트

Page 37: *Hulton-Deutsch Collection/Corbis*; Page 40, top: Utagawa Kuniyoshi, "*Yang Xiang (Yōkō),*" from *the series A Child's Mirror of the Twenty-four Paragons of Filial Piety.* Image copyright ⓒ The Metropolitan Museum of Art. Image source: Art Resource,

NY; Page 40, bottom: *"The Triumph of Dionysus"*(mosaic), Roman, Musee Archeologique, Sousse, Tunisia / The Bridgeman Art Library; Page 41: Kripal (Indian, ca 1628~1673), *"The Boar-faced Goddess, Varahi."* Opaque watercolor, gold, beetle carapaces on paper, ca 1660~1670, $8\frac{3}{8}$in. x $8\frac{7}{16}$in. (21.27cm x 21.43cm). Edwin Binney 3rd Collection, The San Diego Museum of Art, 1990.1038(www.sdmart.org); Page 42, top and bottom: Victoria and Albert Museum, London; Pages 42~43: *"Umed Singh and Zalim Singh shoot a tiger"* (vellum), Indian School (19th century) / © The Trustees of the Chester Beatty Library, Dublin / The Bridgeman Art Library; Endpapers: *"The Plantation,"* 2011(oil on linen), Campbell, Rebecca (contemporary artist) / Private Collection / Courtesy of Brian Sinfield Gallery, Burford / The Bridgeman Art Library

호랑이여 영원하라

초판 인쇄 2015년 11월 24일
초판 발행 2015년 12월 7일

지은이 스티브 윈터·샤론 가이너프
옮긴이 서애경
펴낸이 강성민
편집 이은혜 이두루 곽우정
편집보조 이정미 차소영 백설희
마케팅 정민호 이연실 정현민 양서연 지문희
홍보 김희숙 김상만 한수진 이천희
독자모니터링 황치영

펴낸곳 (주)글항아리 | 출판등록 2009년 1월 19일 제406-2009-000002호
주소 10881 경기도 파주시 회동길 210
전자우편 bookpot@hanmail.net
전화번호 031-955-8897(편집부) 031-955-8891(마케팅)
팩스 031-955-2557

ISBN 978-89-6735-270-7 03400

글항아리는 (주)문학동네의 계열사입니다.

이 도서의 국립중앙도서관 출판예정도서목록(CIP)은 서지정보유통지원시스템 홈페이지(http://seoji.nl.go.kr)와 국가자료공
동목록시스템(http://www.nl.go.kr/kolisnet)에서 이용하실 수 있습니다. (CIP제어번호 : 2015031181)